网络空间安全学科系列教材

密码科学与技术概论

曹春杰 韩文报 编著

U0215117

清华大学出版社
北京

内 容 简 介

本书共分 8 章,目标是使读者了解密码是什么、如何设计密码算法和密码协议、如何管理密钥、如何破解密钥,以及密码有关产品和如何检测产品是否合规。具体而言,第 1 章主要讲述密码的起源以及共产党与密码发展的过程;第 2 章主要介绍密码算法的分类及各算法的联系和区别;第 3 章主要讨论密码学与安全协议相关的基础知识和技术方法;第 4 章介绍与密钥管理相关的理论和技术;第 5 章描述密码分析的目标和攻击类型,以及经典密码算法的分析方法;第 6 章介绍商用密码产品以及其应用场景;第 7 章给出了商用密码应用安全性评估的实施要点以及具体案例;第 8 章介绍密码学的新技术,并对密码学的未来进行了展望。附录 A 介绍密码学相关数学基础知识;附录 B 介绍密码相关法律法规与标准。

本书内容丰富,概念清楚,语言精练,在内容阐述上力求深入浅出、通俗易懂。特别是本书尽量避免过多数学语言的描述,力求理论联系实际,面向具体应用。

本书可作为密码科学与技术、信息安全、计算机科学与技术等专业的本科生教材,也可作为广大网络安全工程师、网络管理员和 IT 从业人员的参考书。

图书在版编目(CIP)数据

密码科学与技术概论/曹春杰,韩文报编著. —北京:清华大学出版社,2023.6(2024.8重印)
网络空间安全学科系列教材
ISBN 978-7-302-63317-4

Ⅰ.①密…　Ⅱ.①曹…　②韩…　Ⅲ.①密码学－教材　Ⅳ.①TN918.1

中国国家版本馆 CIP 数据核字(2023)第 060494 号

责任编辑:张　民　常建丽
封面设计:常雪影
责任校对:李建庄
责任印制:宋　林

出版发行:清华大学出版社
　　　网　　址:https://www.tup.com.cn,https://www.wqxuetang.com
　　　地　　址:北京清华大学学研大厦 A 座　　　　邮　　编:100084
　　　社 总 机:010-83470000　　　　　　　　　　邮　　购:010-62786544
　　　投稿与读者服务:010-62776969,c-service@tup.tsinghua.edu.cn
　　　质量反馈:010-62772015,zhiliang@tup.tsinghua.edu.cn
　　　课件下载:https://www.tup.com.cn,010-83470236
印 装 者:三河市铭诚印务有限公司
经　　销:全国新华书店
开　　本:185mm×260mm　　　印　　张:10.5　　　字　　数:243 千字
版　　次:2023 年 6 月第 1 版　　　　　　　印　　次:2024 年 8 月第 2 次印刷
定　　价:39.50 元

产品编号:096617-02

21 世纪是信息时代,信息已成为社会发展的重要战略资源,社会的信息化已成为当今世界发展的潮流和核心,而信息安全在信息社会中将扮演极为重要的角色,它会直接关系到国家安全、企业经营和人们的日常生活。随着信息安全产业的快速发展,全球对信息安全人才的需求量不断增加,但我国目前信息安全人才极度匮乏,远远不能满足金融、商业、公安、军事和政府等部门的需求。要解决供需矛盾,必须加快信息安全人才的培养,以满足社会对信息安全人才的需求。为此,教育部继 2001 年批准在武汉大学开设信息安全本科专业之后,又批准了多所高等院校设立信息安全本科专业,而且许多高校和科研院所已设立了信息安全方向的具有硕士和博士学位授予权的学科点。

信息安全是计算机、通信、物理、数学等领域的交叉学科,对于这一新兴学科的培养模式和课程设置,各高校普遍缺乏经验,因此中国计算机学会教育专业委员会和清华大学出版社联合主办了"信息安全专业教育教学研讨会"等一系列研讨活动,并成立了"高等院校信息安全专业系列教材"编委会,由我国信息安全领域著名专家肖国镇教授担任编委会主任,指导"高等院校信息安全专业系列教材"的编写工作。编委会本着研究先行的指导原则,认真研讨国内外高等院校信息安全专业的教学体系和课程设置,进行了大量具有前瞻性的研究工作,而且这种研究工作将随着我国信息安全专业的发展不断深入。系列教材的作者都是既在本专业领域有深厚的学术造诣,又在教学第一线有丰富的教学经验的学者、专家。

该系列教材是我国第一套专门针对信息安全专业的教材,其特点是:

① 体系完整、结构合理、内容先进。

② 适应面广:能够满足信息安全、计算机、通信工程等相关专业对信息安全领域课程的教材要求。

③ 立体配套:除主教材外,还配有多媒体电子教案、习题与实验指导等。

④ 版本更新及时,紧跟科学技术的新发展。

在全力做好本版教材,满足学生用书的基础上,还经由专家的推荐和审定,遴选了一批国外信息安全领域优秀的教材加入系列教材中,以进一步满足大家对外版书的需求。"高等院校信息安全专业系列教材"已于 2006 年年初正式列入普通高等教育"十一五"国家级教材规划。

2007 年 6 月,教育部高等学校信息安全类专业教学指导委员会成立大会暨第一次会议在北京胜利召开。本次会议由教育部高等学校信息安全类专业教学指导委员会主任单位北京工业大学和北京电子科技学院主办,清华大学出版社协办。教育部高等学校信息安全类专业教学指导委员会的成立对我国信息安全专业的发展起到重要的指导和推动作用。2006 年,教育部给武汉大学下达了"信息安全专业指导性专业规范研制"的教学科研项目。2007 年起,该项目由教育部高等学校信息安全类专业教学指导委员会组织实施。在高教司和教指委的指导下,项目组团结一致,努力工作,克服困难,历时 5 年,制定出我国第一个信息安全专业指导性专业规范,于 2012 年年底通过经教育部高等教育司理工科教育处授权组织的专家组评审,并且已经得到武汉大学等许多高校的实际使用。2013 年,新一届教育部高等学校信息安全专业教学指导委员会成立。经组织审查和研究决定,2014 年,以教育部高等学校信息安全专业教学指导委员会的名义正式发布《高等学校信息安全专业指导性专业规范》(由清华大学出版社正式出版)。

2015 年 6 月,国务院学位委员会、教育部出台增设"网络空间安全"为一级学科的决定,将高校培养网络空间安全人才提到新的高度。2016 年 6 月,中央网络安全和信息化领导小组办公室(下文简称"中央网信办")、国家发展和改革委员会、教育部、科学技术部、工业和信息化部及人力资源和社会保障部六大部门联合发布《关于加强网络安全学科建设和人才培养的意见》(中网办发文〔2016〕4 号)。2019 年 6 月,教育部高等学校网络空间安全专业教学指导委员会召开成立大会。为贯彻落实《关于加强网络安全学科建设和人才培养的意见》,进一步深化高等教育教学改革,促进网络安全学科专业建设和人才培养,促进网络空间安全相关核心课程和教材建设,在教育部高等学校网络空间安全专业教学指导委员会和中央网信办组织的"网络空间安全教材体系建设研究"课题组的指导下,启动了"网络空间安全学科系列教材"的工作,由教育部高等学校网络空间安全专业教学指导委员会秘书长封化民教授担任编委会主任。本丛书基于"高等院校信息安全专业系列教材"坚实的工作基础和成果、阵容强大的编委会和优秀的作者队伍,目前已有多部图书获得中央网信办与教育部指导和组织评选的"网络安全优秀教材奖",以及"普通高等教育本科国家级规划教材""普通高等教育精品教材""中国大学出版社图书奖"等多个奖项。

"网络空间安全学科系列教材"将根据《高等学校信息安全专业指导性专业规范》(及后续版本)和相关教材建设课题组的研究成果不断更新和扩展,进一步体现科学性、系统性和新颖性,及时反映教学改革和课程建设的新成果,并随着我国网络空间安全学科的发展不断完善,力争为我国网络空间安全相关学科专业的本科和研究生教材建设、学术出版与人才培养做出更大的贡献。

我们的 E-mail 地址是:zhangm@tup.tsinghua.edu.cn,联系人:张民。

"网络空间安全学科系列教材"编委会

密码技术作为国家自主可控的核心技术,在维护国家安全、主权和发展利益中发挥着不可替代的作用。尤其是,目前以人工智能、大数据、物联网、太空技术、生物技术、量子科技为代表的新一代信息技术日新月异,给各国经济社会发展、国家管理、社会治理、人民生活带来重大而深远的影响,由此催生的新产业、新业态、新模式给人们的生产方式、生活方式、思维方式带来了巨大变化,推动着社会形态、社会活动、组织方式发生深刻的变化,数字社会正在逐步形成,有效解决日益严峻的网络与信息安全挑战,成为维护国家主权、安全和发展利益的置顶选项。其中,密码是解决网络与信息安全最有效、最可靠、最经济的手段。

随着我国密码法的实施和信息化的加速发展,未来 5 年密码人才需求年增长率高达 30%。然而,当前我国只有少数军队高等院校和极少数地方院校培养密码专业人才,每年本科毕业生 2000 人左右,密码专业基础人才缺口巨大。为了解决国家对密码人才的需求,2021 年 2 月 10 日,教育部发布《教育部关于公布 2020 年度普通高等学校本科专业备案和审批结果的通知》及《列入普通高等学校本科专业目录的新专业名单(2021 年)》,海南大学等 7 所普通高等学校开设了新专业"密码科学与技术",专业代码为 080918TK。

密码科学与技术专业是以数学、计算机科学与技术为基础,融合了信息与通信工程、电子科学与技术、管理科学与工程等多个学科,致力于密码算法设计、密码算法分析、密码工程、密码应用、密码管理与安全防护专业,培养具有密码研究能力、开发能力、应用能力、管理能力等的人才。密码科学技术知识体系包括密码学基础知识、密码理论知识、密码工程知识、密码应用知识。密码学基础知识是指密码专业学习需要具备的基础知识,要求学生学习密码学中的基本概念知识、密码领域中的一些基本法律知识及基本管理知识和密码理论的基础知识。密码理论知识领域分为对称密码算法知识子领域、公钥密码知识子领域、协议知识子领域。对称密码算法使用相同的密钥进行加密和解密,计算量小但密钥的分发和管理比较困难。公钥密码算法使用两把完全不同但又完全匹配的一对钥匙进行加密和解密,安全性高但效率低。密码协议指两个或两个以上的参与者为完成密码通信中某项特定任务而约定的一系列步骤。密码工程是从工程实践和应用的角度培养学生,要求学生具备密码工程基本素质,设计密码模块、密码设备和密码系统,同时对密码模块、密码设备和密码系统的安全性进行测评和风险评估。密码应用领域的知识体系包括云计算安全技术、区块链技术安全和大数据与物联网安全 3 个子领域,密码技术对这类新型信息技术的发展具有决定性作用。

本书是第一本从"密码科学与技术"专业的角度出发,系统讲述各密码课程之间关系的教材。本书按照密码科学与技术的技术体系,全面、系统地介绍了密码科学与技术的相关知识,内容包括密码编码学、密码分析学、密码协议、商用密码标准与产品、密码管理系统、密码应用安全性评估等,并通过相关的案例和实践使学生全面了解密码科学与技术的基本知识、建立初步的知识框架,为进一步的学习打下坚实的基础。

本书由曹春杰和韩文报担任主编,周晓谊、李志奇、欧嵬、胡昌慧、叶俊、王隆娟、岳秋玲、徐紫枫、秦小立、马建强、陈平等参加了本书的编写工作。其中,周晓谊和欧嵬负责第 1 章,岳秋玲和胡昌慧负责第 2 章,叶俊负责第 3 章,徐紫枫负责第 4 章,秦小立负责第 5 章,马建强负责第 6 章,李志奇、陈平和王隆娟负责第 7 章,胡昌慧负责第 8 章。

本书的编写得到教育部新工科项目"新工科背景下密码工程专业人才培养机制探索与实践"(项目编号:E-ABGABQ20202716)和海南大学 2021 年自编教材资助项目(项目编号:Hdzbjc2101)的大力支持,在此表示衷心的感谢。

由于作者水平所限,书中难免存在疏漏或不妥之处,恳请广大读者不吝赐教。

作　者

2023 年 2 月

目 录

第1章

密码概述

自人类文明诞生之初，密码就与我们结下不解之缘，小至每个人的工作、生活，例如银行卡、手机、汽车；大至国家安全，例如银行系统、医疗系统、政务系统，密码无处不在地服务于我们。

同在一家公司工作的 Alice 和 Bob 最近对密码学产生了浓厚的兴趣，老板 Alice 关注的是密码技术的发展历程，而 Bob 却对战争中的密码更感兴趣。他们想知道：

（1）为什么会出现密码？世界上最早的密码起源于何时、何地？

（2）密码在战争中起了什么作用？

（3）中国的密码对世界有什么贡献？

本章将从密码学的起源出发，带你轻松愉快地漫步密码学发展之路，领略从世界上最早发现的密码到逐渐走向商业和大众的现代密码学的历程，最后再看一看密码学在我们熟知的信息安全中具有什么作用。

1.1 古典密码：一种在战争中萌芽和发展的艺术

在人类发展的早期阶段，尤其是在古代的战争中，具有高超才能的战争指挥者借助种种方法，保护各种信息的传递，防止对手获取己方的各种信息。

1.1.1 古代中国

中国是世界上较早建立组织情报传递系统的国家之一。据甲骨文记载，在商朝已经有了邮驿，主要是利用人力携带密信然后骑马送信的通信方式。从西周开始，中国的通信组织不断完善，逐渐形成了两套有组织的通信：一是以烽火为主的早期声光通信系统；二是以步行或乘车为主的邮传通信系统，邮驿制度在当时已经比较完善。

当今学者对成书年代和作者仍存有争议的《六韬》是古代著名兵书，它以周文王、周武王和姜太公的对话形式讨论军事。在其中的《龙韬》一卷中提到"阴符"，即打造一套符，用不同尺寸代表不同的含义。它是我国较早在军事中用象征符号秘密通信的方法。

如图 1-1 所示，阴符共有 8 种：一种长一尺，表示大获全胜，摧毁敌人；一种长九寸，表示攻破敌军，杀敌主将；一种长八寸，表示守城的敌人已投降，我军已占领该城；一种长七寸,表示敌军已败退,远传捷报;一种长六寸,表示我军将誓死坚守城邑;一种长五寸,表示请拨运军粮,增派援军;一种长四寸,表示军队战败,主将阵亡;一种长三寸,表示战事失利,全军伤亡惨重。若奉命传递阴符的使者延误传递,则处死;若阴符的秘密泄露,则无论是无意泄密者还是有意传告者,都将被处死。只有国君和主将知道这 8 种阴符的秘密,这就是不会泄露朝廷与军队之间相互联系内容的秘密通信语言,敌人再聪明也不能识破它。

后来古人认为"阴符"所能传递的东西有限,遂发明了"阴书",如图 1-2 所示。《六韬》中记载了姜太公对"阴书"用法的介绍:把一封书信分为三部分,派三个人分别送其中一部分,即使送信人也不知道完整的内容。这种阴书本质上就是一种密码方案,然而它还包含了一种现代密码学中先进的秘密共享的思想,即将秘密以适当的方式拆分,拆分后的每一份信息由不同的参与者持有,单个参与者无法恢复秘密信息,只有若干个参与者一同协作才能恢复秘密消息的内容。

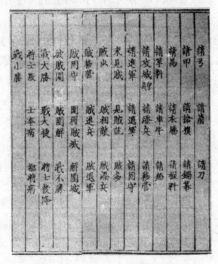

图 1-1　阴符

图 1-2　阴书

到秦始皇时期,围绕以咸阳为中心的驿站网大肆修建驰道、驿道,建立官府文书和军事情报的邮驿制度,普及了在传递文书时应加封印泥来保密的方法。

到了唐朝,发明了一种"蜡丸书",又名"蜡弹书",即把密信封在体积小、便于携带的蜡丸里,防止泄露。

宋代由于内外战争的频繁,有一种秘密通信方法叫"字验"。《武经总要》是北宋仁宗时期官修的一部兵书,成书于 1040—1044 年,作者是曾公亮和丁度。该书专门讲述军队中秘密通信和身份验证的方法,如 1 请弓、2 请箭、3 请刀、4 请甲、5 请枪旗、6 请锅幕、7 请马、8 请衣赐、9 请粮料等 40 个带编号的词语,记录这 40 个词语正确对应编号的本子只在军队的主帅手中,再选 40 字的古诗,将编号数字对应在古诗中的某些字上面,将对应的字编入普通公文里。这样,即使敌方收到密信,也很难知道其中的真正含义。

南宋时期则发明了一种"隐写术"(该词来源于约翰尼斯·特里特米乌斯所著的一本讲密码学与隐写术的书 Steganographia),将明矾水写在信纸上,等水干后,纸上一片空白,等送到收信人手中,用水将信打湿,字就慢慢浮现出来。

明朝著名抗倭将领戚继光发明了真正的密码——反切码,如图 1-3 所示。其原理与现代密码的设计原理完全一样,但与现代密码理念不同,也极难破译,它使用汉字的"反切"注音方法进行编码。

将第1首诗前20字的声母和第2首诗36个字的韵母进行编号,用2个编号组成新的字的发音。如5-21和19-1,两个编号组成 "dijun(敌军)" 的发音。

诗篇1
声母

1	2	3	4	5		6	7	8	9	10		11	12	13	14	15		16	17	18	19	20
l	b	q	q	d		b	t	zh	r	sh		y	m	y	ch	x		d	zh	y	j	zh
柳边求气低, 波他争日时。 莺蒙语出喜, 打掌与君知。

诗篇2
韵母

1	2	3		4	5	6		7	8	9	10	11	12	13		14	15		16		17	18	19	20
un	ua	iang		iu	an	ai		ia	in	uan	e	vin	ei		u	eng		uang		ui	ao	in	ang
春花香, 秋山开, 嘉宾欢歌须金杯, 孤灯 光 辉烧银缸。

21	22	23		24	25	26		27	28	29	30		31	32	33	34	35	36
i	ong	iao		uo	i	iao		I	eng	ui	u	ian		I	ei	ai	e	ou
之东 郊, 过西桥, 鸡声催初天, 奇梅歪遮沟。

图 1-3　反切码示例

"反切码"源自反切拼音注音方法(即用两个字为另一个字注音,取上字的声母和下字的韵母,"切"出另外一个字的读音),被称为世界上最难破解的"密电码"。

1.1.2　古代外国

大约在公元前 700 年,古希腊军队用一种叫作斯巴达棒(Scytale)的圆木棍进行保密通信。如图 1-4 所示,斯巴达棒由一条加工过且有夹带信息的皮革绕在一个木棒所组成。密码接受者需使用一个相同尺寸的棒,将密码条绕在上面进行解读。这种方法快速且不容易泄密。

公元前约 500 年,罗马帝国扩张期间出现了一种密码术,这种密码术被古罗马历史上著名的凯撒(Caesar)大帝在作战时频繁使用,后人称之为"凯撒密码"。凯撒密码是对 26 个英文字母进行移位代替

图 1-4　斯巴达棒

的密码,属于"移位代替密码",是最简单的一类代替密码。明文中的所有字母都在字母表上向后(或向前)按照一个固定数目进行偏移被替换成密文。例如,当偏移量是 3 时,所有的字母 A 将被替换成 D,B 变成 E,以此类推。

在实际应用中,使用凯撒密码进行加密的语言一般都是字母文字系统,因此密码中可能使用的偏移量也是有限的,例如使用 26 个字母的英语,它的偏移量最多就是 25。意大利密码学家吉奥万·巴蒂斯塔·贝拉索于 1553 年所著的书《吉奥万·巴蒂斯塔·贝拉索先生的算术》第一次引入了"密钥"概念,提出使用一系列凯撒密码组成密码字母表的方法,也被称为多表密码。由于 19 世纪时贝拉索的方法被误认为是由维吉尼亚首先发明的,因此,这种密码机制在历史上被称为"维吉尼亚密码"。维吉尼亚是法国外交官、密码学家,1586 年发明了更为简单却更有效的自动密钥密码。

由于破译的难度很高,维吉尼亚密码因此获得了很高的声望。美国南北战争期间南军就使用黄铜密码盘生成维吉尼亚密码。图 1-5 为美国 National Cryptologic Museum 展出的密码盘。战争自始至终,南军主要使用 3 个密钥,分别为"Manchester Bluff(曼彻斯特的虚张声势)""Complete Victory(完全的胜利)"以及战争后期的"Come Retribution(报应来临)"。

图 1-5　维吉尼亚密码盘

1.2　近代密码学:借助机械打造复杂的密码

19 世纪末,自从巴比奇和卡西斯基成功破解维吉尼亚密码之后,密码编码学家一直在寻求一种新的方法,从而建立秘密通信,这样商人和军队就可以充分利用电报这种快捷的信息传递方法,不必担心其通信内容被窃取和篡改。

图 1-6　奥古斯特·柯克霍夫

20 世纪初,意大利物理学家马可尼发明了无线电报通信手段,使任意两点之间的通信成为可能,但无线电报通信也存在巨大的隐患——易被拦截。这也使安全加密的需求更加迫切。

在战争中,密码设计者不断设计出新的密码,这些密码又不断地被密码分析者破译。设计和破译就像盾和矛不停较量,密码在战争中不断发展演变。正是在这种情况下,身在法国的荷兰人奥古斯特·柯克霍夫(A.Kerchhoff)(见图 1-6)提出至今仍使用的"柯克霍夫(Kerchhoff)原则":密码系统的安全性不应该取决于不易改变的算法,而应该取决于可随时改变的密钥。这一原则被后世的密码学家、密码技术人员视为金科玉律,柯克霍夫被世人誉为"计算机安全之父"。

1.2.1　一次性便签密码

1917 年 1 月,第一次世界大战进入第三年,英国海军破译机构截获并成功破译了德国外交部部长齐默尔曼向德国驻墨西哥大使签发的一份密码电报,齐默尔曼电报破译促使美国向德国宣战。就这样，第一次世界大战见证了一系列密码破译家的胜利。自从 19 世纪维吉尼亚密码被破译之后，密码破译者一直领先于编码设计者，而编码设计者则感到沮丧。正是在此时，美国科学家发现了一种完美的加密方法，美军密码研究机构的约瑟夫·莫伯涅引入了"随机密钥"的概念，继而发展出"一次性便签密码"的概念，密钥的随机性使密码有了更好的随机性，从而使破译者束手无策。一次性便签密码被认为是无法破解的，因而当时也被称为"密码编码学的圣杯"。

但是一次性便签密码在实际操作上存在巨大的缺陷：一是制造大量的随机密钥是非常困难的；二是如何分发它们。这两个缺陷的存在意味着约瑟夫·莫伯涅的思想在实际战争中使用非常困难。因此，人们不得不考虑放弃纸与笔而采用更好的方式来加密信息，那就是借助机械的力量。

1.2.2　恩尼格玛密码机

密码编码者的困境让人们认识到，手工作业方式已难以满足复杂密码运算的要求，于是密码研究者设计出一些复杂的机械和电动机械设备，实现了信息的加解密操作，近代密码时期宣告到来。

1918 年，德国发明家亚瑟·谢尔比乌斯和理查德·里特建立了谢尔比乌斯 & 里特公司，他们试图用机械技术代替笔纸密码，发明了一种称为"恩尼格玛（Enigma）"的密码装置。当时谢尔比乌斯或许不会想到，恩尼格玛会成为历史上最难以破解的加密系统。

与之前的凯撒密码、维吉尼亚密码相同，恩尼格玛的核心也不外乎替代和置换，不同之处在于它使用机械完成这些操作，如图 1-7 所示。

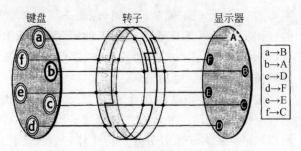

图 1-7　机械计算密码原理

恩尼格玛的基本原理是将输入的字母通过转子置换成密文。转子实际上定义了一个密码表，用以执行简单的字母置换。恩尼格玛通过每次置换后转动一定的角度（如图 1-7 的情况下转动 1/6，若对于 26 个字母的情况则转动 1/26 圈）改变对字母的置换映射，因而相当于定义了 6 个密码表。同时，恩尼格玛又通过多个转子进行组合，这样每输入一个字符可以通过上百种（若是两个转子，则组合数是 26×26；若是 3 个转子，则组合数高达 $26 \times 26 \times 26 = 17576$）密码表来加密。由于转子的移动是借助机械装置自动完成的，所以这些过程都能够自动化、高效、准确地完成。

恩尼格玛能支持 105456 个密钥。只要发送者和接收者之间插件板连接器、转子的次序及其各自的状态保持一致，他们就很容易对信息进行加密和解密，而敌方拦截员在不知道密钥的情况下,不得不检查 10^{16} 中的每一个。即使破译者能够每分钟检查一种设置,他也需要比宇宙年龄还长的时间才能检查完所有设置。实际上,这就是机械装置,以人员操作并不烦琐的方式实现了分发"一次性便签密码"的密钥,如图 1-8 所示。

图 1-8 恩尼格玛密码机

1.2.3 雷杰夫斯基"炸弹"与图灵"炸弹"

恩尼格玛密码机的强大也促使了各国加紧研制破解的方法。年轻的波兰密码学家雷

图 1-9 雷杰夫斯基

杰夫斯基(见图 1-9)在盟军通过间谍手段获取恩尼格玛转子配线结构的基础上,通过对所截获的德军密文电报中每封电报最开始的 6 个字母的分析,发现了德军日密钥(也就是使用者要从预先分发制定好的密钥手册上根据日期获取当天的密钥)的操作方式,以此为突破点,设计了快速寻找日密钥的方法,能够在当天破解德军的日密钥,成功破解了德军密电的信息。

按照雷杰夫斯基的设计,波兰人设计了"雷杰夫斯基机器"来破解恩尼格玛机,使用 6 台雷杰夫斯基机器形成一个工作单元,针对恩尼格玛的 6 种转子组合方式并行工作。这种工作单元就是密码学史上著名的"炸弹"。据说"炸弹"这个名字是因为机器在查找转子设置时发出的"嘀嗒"声很像炸弹爆炸的计时器声音,也有一种说法,雷杰夫斯基在一家咖啡厅吃一种名字叫"炸弹"的冰激凌时获得了破解恩尼格玛的灵感。

雷杰夫斯基对恩尼格玛的攻克是密码破译员真正的伟大成就。到 1938 年,德军增加了恩尼格玛的安全性,并增加了转子和连接器的连接方式,使雷杰夫斯基的破解方法遇到了极大的困难。但他对恩尼格玛的破解工作还是极大地鼓舞了盟军密码破译人员的信心。在英国,盟军通过在布莱切利庄园成立新的密码破译组织,由情报组织"40 号房"管理。在这里,数学家、科学家、语言学家、古典学家甚至还有填单词游戏迷,从各个方向寻求破译密码可能的途径。也正是在这里,艾伦·图灵找到了恩尼格玛机最大的弱点并最终破解。

在剑桥皇家学院期间,26 岁的图灵(见图 1-10)就写出了被视为 20 世纪具有重要突

破的重量级论文《关于可计算的数字》,文中描述了一种想象中的机器,能进行特定的数学操作或计算,例如两个乘数通过一张纸输入机器内,乘法结果通过另外一张纸输出。他设想每台机器可以用以执行特定的计算任务,如除法、乘方等,这就是著名的"图灵机"。也正是因为他的这种创造性的思想,在布莱切利庄园,他通过将克利巴(Crip,指某种密文和密文的组合)、环路和电线连接这三者综合在一起的方法,完成了对恩尼格玛机的破解。因为图灵破解恩尼格玛机的装置和雷杰夫斯基的破解装置在工作原理上有相似性,所以其也被称为"炸弹"。

图 1-10 艾伦·图灵

图灵对恩尼格玛机的破解,是密码破译学中不朽的一页。一方面,对恩尼格玛机的破解扭转了欧洲的战局,加快了第二次世界大战的结束;另一方面,也间接促成了电子计算机的出现。计算机的出现以及其使用范围的逐步扩大,推动人类文明跨入了崭新的发展阶段,而密码也随之从近代机械化时代逐步走向现代。

1.2.4 中国共产党的革命斗争与密码

在中国共产党百年征程中有一项特殊而重要的工作,守护着党的事业,它就是党的机要密码工作。近年来,随着越来越多史料公之于众,它慢慢褪去神秘面纱,逐渐被大家知晓。

1927 年 4 月,蒋介石发动"四一二"反革命政变。为审查和纠正共产党在大革命后期的严重错误,决定新的路线和政策,中共中央在汉口召开会议,通过了《党的组织问题决议案》,明确提出各级党组织要加强党的秘密工作。同年 11 月,周恩来提议在上海建立中国共产党中央特别行动科,简称"中央特科"。中央特科的建立,是国共两党严酷斗争的直接产物,标志着中国共产党中央情报保卫工作的诞生。

从 1928 年起,周恩来就在筹备党的无线电通信系统。中国共产党最早的一次长距离通信,就是在他的全力率领下,于 1930 年 1 月实现了从上海到中国香港的无线电通信。在极度艰难险恶的环境中,中国共产党领导革命的斗争风险非常大,如果没有一套好的密码保障措施,很容易带来灾难。如何提升无线电通信的保密性,成为周恩来领导的无线电保密工作亟待解决的重大问题。然而,由于这项工作刚刚起步,技术人才严重缺乏,要编制出一套高水平的密码,难度可想而知。

1930 年 12 月,红军在第一次反"围剿"中缴获了第一部无线电台。富有战略眼光的毛泽东、朱德以"半部电台"起家,创建了人民军队的无线电通信事业,奠定了红军侦听事业的基础,并很快创造了奇迹。

1931 年,周恩来提出编码思想,汇总集体智慧,亲自动手编制出共产党自己的第一本密码"豪密"。那时,周恩来在党内的代号叫"伍豪",密码的名字便引申称作"豪密",党内一讲"豪密",大家便知道是"伍豪之电",特科就被称为"伍豪之剑"。"豪密"是中国共产党最早应用的高级密码,为红军的密码建设提供了实用范本。从此,中国共产党的密码通信诞生。

"豪密"编制吸取了苏联的经验,一次一密。使用"豪密"如台历,每天用完就作废,第二天使用新的。有人说,中国共产党的密码是苏联人教的,其实他们教的只是方法,毕竟俄语和汉语不一样,密码具体如何排列完全是中国人自己创造的,"豪密"在某种程度上比苏联的密码更加难以破译。苏联的密码根据字母排列,重复率高,而我们使用汉字重复的概率就较少,破译的概率也相当小,乱数表非常丰富。在反"围剿"时期,因为无线电通信有了"豪密",才保证了中央指令下达和部队战术行动的绝对安全,也保证了密码难以被敌人破译。

要打赢密码战,除了坚不可摧的防御系统之外,还必须有攻破敌人无线电密码的利剑。当时国民党认为红军没有电台,所以第一次、第二次反"围剿"中,国民党用的都是明码。到第三次反"围剿"时,国民党发现红军有了电台,才开始编制密码。因为在第二次反"围剿"中,红军缴获了国民党的一个密码本。到第三次反"围剿"时,对于国民党军使用的密码,红军可以利用缴获的密码本对照破译出来。中国共产党从译电到破译,历经了艰难的过程,是在国民党"围剿"作战形式的催促下完成的。

1948年9月12日至1949年1月31日,震惊中外的辽沈战役、淮海战役、平津战役三大战略性战役共持续了142天。三大战役的胜利为中国革命在全国的胜利奠定了基础。位于河北省西柏坡的中共中央军委作战室距离三大战役指挥部最近的有300千米,最远的则有900千米,无论距离远近,全国各战区的往来电报像雪片一样,昼夜不断。仅从这里发往前线的电报就有408封,西柏坡的机要人员平均每天收发电报四五万字。在西柏坡,周恩来曾风趣地说:"我们这个指挥部可能是世界上最小的指挥部,我们一不发枪,二不发粮,三不发人,就是靠天天往前线发电报,就把国民党的几百万大军打败了。"

从中国共产党创立到中华人民共和国成立,中国共产党领导中国人民走过的道路极其曲折和艰难,为赢得革命胜利和民族解放付出了巨大代价。在这个过程中,党的密码工作与党的事业相生相伴,为党的创建、发展和革命事业胜利发挥了极其重要的保障作用,做出了"保生存、保胜利"的卓越贡献。

1.3 现代密码学:密码逐渐走向商业和大众

1.3.1 密码从艺术转变为科学

在第二次世界大战进行得如火如荼之时,香农(见图1-11)在贝尔实验室展开了对通信系统的研究。1945年,香农向贝尔实验室提交了一份机密文件,题目是"A Mathematical Theory of Cryptography"(密码术的数学理论)。这一成果在第二次世界大战结束后的1949年以"Communication Theory of Secrecy Systems"(机密系统的通信理论)为题目正式发表。这篇论文开辟了用信息论来研究密码学的新思路,为密码技术研究建立了一套数学理论,从此密码术成为密码学,由一门艺术成为一门真正的科学。

图1-11 香农

香农从概率统计的角度对信息源、密钥、窃听者以及截获的消息进行数学的描述和分析,用不确定性(熵)来度量信息的机密性,从而提出了完善保护性、理论机密性以及实际机密性这些概念。香农的发现,使信息论成为研究密码学和密码分析学的重要理论基础。同时,香农曾在这篇论文中高屋建瓴地指出,好的密码系统的设计问题本质上是寻求一个困难问题的解,使得破译密码等价于解某个已知数学难题,这也催生了后来的公钥密码学。

1.3.2　序列密码

2004 年,欧洲启动了为期 4 年的 ECRYPT(European Network of Excellence for Cryptology)计划,其中的序列密码项目称为 eSTREAM,主要任务是征集新的可以广泛使用的序列密码算法,以改变 NESSIE(New European Schemes for Signatures, Integrity, and Encryption)工程 6 个参赛序列密码算法完全落选的状况。该工程于 2004 年 11 月开始征集算法,共收集 34 个候选算法。经过 3 轮为期 4 年的评估,2008 年 eSTREAM 项目结束,最终有 7 个算法胜出。eSTREAM 项目丰富了序列密码研究的数据库,极大地促进了序列密码的研究。

ZUC 算法,又称祖冲之算法,是由中国自主设计的加密算法。2009 年 5 月,ZUC 算法获得 3GPP(3rd Generation Partnership Project)安全算法组 SA 立项,正式申请参加 3GPP LTE 第三套机密性和完整性算法标准的竞选工作。历时两年多的时间,ZUC 算法经过包括 3GPP SAGE 内部评估,两个邀请付费的学术团体的外部评估以及公开评估等在内的 3 个阶段的安全评估工作后,于 2011 年 9 月正式被 3GPP SA 全会通过,成为 3GPP LTE 第三套加密标准核心算法。

ZUC 算法是中国第一个成为国际密码标准的密码算法。其标准化的成功,是中国在商用密码算法领域取得的一次重大突破,体现了中国商用密码应用的开放性和商用密码设计的高能力,其必将增大中国在国际通信安全应用领域的影响力,且今后无论是对中国在国际商用密码标准化方面的工作,还是对商用密码的密码设计来说都具有深远的影响。

1.3.3　分组密码

在理论上得以突破的同时,计算机的出现也使密码编码人员设计出更复杂的密码。计算机的强大力量使密码在编码过程中的替换和移位变得轻而易举。随着集成电路技术的发展、计算机造价的降低,越来越多的公司开始使用计算机,而公司之间的通信也越来越频繁,这就催生了运行于计算机上的加密算法。

20 世纪 70 年代初,IBM 公司的密码学者菲斯特(Feistel)设计了一种被称为"卢斯福"的分组密码算法,密钥长度为 56 位,它不低于恩尼格玛密码机的密钥量,但操作远比恩尼格玛密码机简单快捷,明文、密文统计规律更随机。DES 通过多个回合的"切碎"和"混合",从而达到对信息加密的效果,DES 的密钥数量达到了 $10^{18}(2^{56})$,其安全性足以使民用计算机根本无法在可接受的时间内破解密文和密钥。

卢斯福被采纳成为美国数据加密标准,简称为 DES 算法。在随后近 20 年中,DES 算法一直是世界范围内许多金融机构进行安全电子商务使用的标准算法,被广泛地认为是较好的商务加密产品之一。

随着计算机算力的飞速发展,DES 仅有 56 位密钥的弱点使其无法对抗暴力攻击。2012 年,David Hulton 和 Moxie Marlinspike 宣布了一个系统,其中包含 48 个 FPGA,每个 FPGA 包含 40 个以 400MHz 运行的全流水线 DES 内核,系统可以在大约 26 小时内彻底搜索整个 56 位 DES 密钥空间。DES 算法也完成了其历史使命,被高级数据加密标准(AES)所替代。

而早在 1997 年 1 月,美国国家标准与技术研究院发布公告征集 AES 算法,用于取代 DES 算法作为美国新的联邦信息处理标准。1997 年 9 月,AES 算法候选提名的最终要求公布,最终选择了 Rijndael 算法。AES 算法支持 128、192 和 256 位三种密钥长度,基于称为置换排列网络的原理设计。目前 AES 算法已经成为国际上应用较为广泛的对称密码算法。

SM4 算法全称为 SM4 分组密码算法,是我国国家密码管理局于 2012 年 3 月发布的第 23 号公告中公布的密码行业标准。SM4 算法是一个分组对称密钥算法,明文、密钥、密文都是 16 字节,加密和解密密钥相同。加密算法与密钥扩展算法都采用 32 轮非线性迭代结构。解密过程与加密过程的结构相似,只是轮密钥的使用顺序相反。SM4 算法的优点是软件和硬件实现容易,运算速度快。

1.3.4 公钥密码

当计算机有了强有力的密码算法,具备了足够的密钥空间,人们希望这些技术能够支持商业的安全通信,但悬而未决的是,始终困扰人们的密钥分发问题又浮出水面。例如,银行要通过线路把一些机密的数据发给客户,但又担心被窃听,于是,银行选择一个密钥,使用密码算法对数据进行加密。但如何使客户也有同样的密钥呢?对于少量客户的情况下,银行当然可以派人亲手将密钥交给客户,或客户到银行亲自拿到密钥,或者采用存在一定风险的邮递快件。在 20 世纪 70 年代,银行曾试着雇佣专职的密钥分发员,带着上了锁的箱子走遍世界,亲手将密钥交给客户,从而使客户能够在后续的业务中解密银行发来的资料信息。

但随着业务的发展,通信网络快速扩大,分发密钥的过程变成了可怕的梦魇,成本也变得无比昂贵。能否设计快捷方便的方式来分发密钥,成了很久以来困扰密码学家最重要的问题。

图 1-12 赫尔曼和迪菲

20 世纪 70 年代,一位自由密码学者迪菲(Diffie),敏感地预见到了信息高速公路和数字时代的到来,设想了普通人之间通过计算机间的线路连接在一起,两个陌生人在互联网上相遇,他们如何互发信息、如何使信息不被窃听。当通信者需要和 N 个人通信时,密钥同样能够顺利、低成本地分发。为此,Diffie 和当时就职于斯坦福大学的赫尔曼(Hellman)开始了他们的漫长征程,试图寻找密钥分发问题的简单解决方案。正如他们(见图 1-12)在 1976 年论文 *New directions in cryptography* 中所说的那样,"We stand today on the brink of a

revolution in cryptography",当时的他们,就站在了密码学革命的边缘。

论文 *New directions in cryptography* 中设想,存在类似于先幂运算再取模运算的单向函数,但是函数具备支持在特定的条件下进行逆运算的特性。正是基于这个设想,他们提出了非对称密码体制的设想,每个人持有两个密钥,一个可以向任何人公开,称为公钥;一个由自己私密保管,称为私钥。每个人都可以使用他人的公钥进行加密,而只有接收人使用自己持有的私钥才能正确解密。所谓单向函数即公钥加密,而"使用私钥进行解密"正是其"特定条件下"的逆运算。这就是今天被广泛应用的公钥密码学。

1977 年,由 Rivest、Shamir 和 Adleman 三人提出了第一个比较完善和实用的公钥加密签名方案,这就是著名的 RSA 算法。RSA 算法充分利用了质数的数学特性和数论中的欧拉定理、费马小定理等,基于大数分解难题而设计。RSA 算法是被研究得最广泛的公钥算法,从提出到现在已经四十多年,经历了各种攻击的考验,逐渐为人们接受,被普遍认为是目前较优秀的公钥方案之一。

RSA 算法的数学原理比较简单,在工程应用中比较容易实现,但它的单位安全强度相对较低,为了达到安全强度要求,通常需要使用非常长的密钥,因此,人们也一直在寻求其他难题构建公钥密码体制。21 世纪初,椭圆曲线离散对数问题(ECDLP)被人们提上日程,基于 ECDLP 设计的椭圆曲线公钥密码算法成为研究热点。椭圆曲线密码体制以更短的密钥获得超过 RSA 算法的安全性,因此,有着广泛的应用前景。

SM2 算法全称为 SM2 椭圆曲线公钥密码算法,是我国国家密码管理局于 2010 年 12 月发布的第 21 号公告中公布的密码行业标准。SM2 算法属于非对称密钥算法,使用公钥进行加密,私钥进行解密,已知公钥求私钥在计算上不可行。发送者用接收者的公钥将消息加密成密文,接收者用自己的私钥对收到的密文进行解密,还原成原始消息。

相比较其他非对称公钥算法如 RSA 而言,SM2 算法使用更短的密钥串就能实现比较牢固的加密强度,同时由于其良好的数学设计结构,加密速度也比 RSA 算法快。

1.3.5　Hash 函数

MD4 是麻省理工学院教授 Ronald Rivest 于 1990 年设计的一种信息摘要算法。它是一种用来测试信息完整性的密码散列函数。其摘要长度为 128 位,一般 128 位长的 MD4 散列被表示为 32 位的十六进制数字。这个算法影响了后来的算法如 MD5、SHA 家族和 RIPEMD 等。

2004 年 8 月,山东大学王小云教授报告在计算 MD4 时可能发生杂凑冲撞,同时公布了对 MD5、HAVAL-128、MD4 和 RIPEMD 四个著名 Hash 算法的破译结果。

Den Boer 和 Bosselaers 以及其他人很快发现了攻击 MD4 版本中第一步和第三步的漏洞。Dobbertin 向大家演示了如何利用一部普通的个人计算机在几分钟内找到 MD4 完整版本中的冲突(这个冲突实际上是一种漏洞,它将导致对不同的内容进行加密却可能得到相同的加密结果)。毫无疑问,MD4 就此被淘汰掉了。

尽管 MD4 算法在安全上有这么大的漏洞,但它对在其后才被开发出来的多种摘要算法的出现却有着不可忽视的引导作用。

MD5 的全称是 Message-Digest Algorithm5（信息-摘要算法 5），在 20 世纪 90 年代初由 MIT Laboratory for Computer Science 和 RSA Data Security In 的 Ronald Rivest 开发出来，经 MD2、MD3 和 MD4 发展而来。它的作用是让大容量信息在用数字签名软件签署私人密钥前被"压缩"成一种保密的格式（就是把一个任意长度的字节串变换成一定长的大整数）。

对任意少于 2^{64} 位长度的信息输入，MD5 都将产生一个长度为 128 位的输出。这一输出可以被看作是原输入报文的"报文摘要值"。MD5 以 512 位分组来处理输入的信息，且每一分组又被划分为 16 个 32 位子分组，经过一系列的处理后，算法的输出由 4 个 32 位分组组成，将这 4 个 32 位分组级联后将生成一个 128 位散列值。

SM3 密码散列算法是我国国家密码管理局 2010 年公布的中国商用密码散列算法标准。该算法消息分组长度为 512 位，输出散列值 256 位，采用 Merkle—Damgard 结构。SM3 密码散列算法的压缩函数与 SHA-256 的压缩函数具有相似的结构，但是 SM3 密码散列算法的设计更加复杂，比如压缩函数的每一轮都使用 2 个消息字，消息拓展过程的每一轮都使用 5 个消息字等。目前对 SM3 密码散列算法的攻击还比较少。

1.3.6　密码在我国的应用

我国对密码工作高度重视。《中华人民共和国密码法》明确规定，中央密码工作领导机构，即中央密码工作领导小组，对全国密码工作实行统一领导。我国还成立了国家商用密码管理办公室，与中央密码工作领导小组办公室实际上是一个机构两块牌子，列入中共中央直属机关的下属机构。2005 年 3 月 25 日，经中央机构编制委员会批准，原国家密码管理委员会办公室更名为国家密码管理局。

密码作为目前世界上公认的保障网络与信息安全最有效、最可靠、最经济的关键核心技术，随着数字技术的拓展，在信息化高度发展的今天，其应用已经渗透到社会生产、生活的各个角落，融合国家治理体系的各个方面，从涉及政权安全的保密通信、军事指挥，到涉及国民经济的金融交易、防伪税控，再到涉及公民权益的电子支付、网上办事等，密码都在背后发挥着基础支撑作用。

2020 年，当全球新冠肺炎疫情暴发时，我国疫情得到良好控制，其中健康码的推出发挥了重要作用。这个包含身份证信息和个人活动范围的二维码，为持有者提供了一个可视化的身份认证。健康码的信息传输、身份识别、信息保护都离不开密码技术作支撑。

（1）经济方面

这十年，我国经济实力又跃上一个新台阶。国内生产总值突破百万亿元，国家税收持续增长。其中密码在增值税防伪、税控系统中发挥了重要作用，实现了网上缴税、电子税票等应用，有效遏制了偷税、漏税、虚假税票等违法行为。

（2）科技层面

我国科技成果斐然，"长征五号 B"运载火箭、"北斗三号"全球定位系统，"九章"量子计算机、"天眼"球面射电望远镜、"奋斗者"号万米载人潜水器等令世人震惊。密码始终为这些科技成果的安全运行和控制调度提供保障。

（3）金融领域

密码用来保障移动支付、电子凭据、网上证券、电子保单、外汇数据管理等的安全交易，应用国密算法的银行卡累计发卡量超过 10 亿张。基于密码技术的数字货币正成为金融服务业密码应用新业态。

（4）能源领域

基于密码技术的电力调度安全防护体系在国家电网等企业实现全覆盖，使用密码模块生产的智能电表超 5 亿只，发放用户卡超 1 亿张。密码也广泛应用于石油石化生产系统、油气管网等工业控制领域。

（5）交通领域

交通服务平台、联网售票、高速公路不停车收费、交通一卡通、运政管理等密码应用，服务交通强国战略实施，为铁路、公路、水运、航空、邮政以及城市公共交通保驾护航。

（6）信息惠民领域

累计发行采用密码技术的二代身份证和港澳台居民居住证超过 19 亿张，机动车检验标志电子凭证覆盖超过 1.5 亿辆，第三代社会保障卡覆盖超过 4800 万户。

（7）广播电视领域

推广应用基于密码技术的数字版权保护技术，带动完成 2700 万台移动智能终端应用部署。

数字经济方兴未艾、势头强劲，已经成为区域经济一比高下、决胜千里的"压舱石""撒手锏"。在推动数字经济做大做强的同时，尤为需要重视数字经济发展的安全问题，加快构建以商用密码技术为核心的安全防护体系，为数字经济健康和安全发展保驾护航。

1.4 密码技术支撑下的信息安全

密码技术是目前公认的保障网络与信息安全最有效、最可靠、最经济的关键核心技术，是实现国家网络信息安全自主可控的基础。密码技术广泛应用于系统安全、通信安全、个人信息保护、金融支付、政务办公等领域，是维护国家安全和社会稳定的关键所在，世界各国都给予极大关注和投入。

如图 1-13 所示，密码技术在信息安全中起了机密性、完整性、真实性和不可否认性的作用。

机密性：是指能够确保敏感或机密数据的传输和存储不遭受未授权的第三方浏览，甚至可以做到不暴露保密通信的事实。通过加解密功能，对信息系统中的身份鉴别信息、密钥数据以及其他重要的传输、存储数据进行保护。

完整性：是指能够保障被传输、接收或存储的数据是完整的和未被篡改的，在被篡改的情况下能够发现篡改的事实或者篡改的位置。比如通过消息鉴别码机制和数字签名机制，对信息系统中的身份鉴别和访问控制信息、密钥数据、重要传输、存储数据、日志记录、

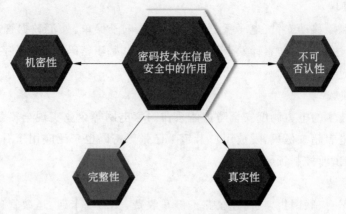

图 1-13　密码技术在信息安全中的作用

重要信息资源安全标记、重要可执行程序、视频监控音像记录和电子门禁系统进出记录进行保护,即信息的内容不被未授权的第三方修改,信息在存储或传输时不被修改、破坏,不出现信息包的丢失、乱序等。

真实性:指能够确保实体(如人、进程或系统)身份或信息、信息来源的真实性。通过动态口令机制,对信息系统中进入重要物理区域人员、应用系统用户、登录操作系统和数据库系统的用户、通信双方、网络设备接入时进行身份鉴别。在单向通信的情况下,认证服务的功能是使接收者相信消息确实是由它自己所声称的那个信源发出的;在双向通信的情况下,在连接开始时,认证服务使通信双方都相信对方是真实的,即的确是它所声称的实体。

不可否认性:指能够保证信息系统的操作者或信息的处理者不能否认其行为或者处理结果,可以防止参与某次操作或通信的一方事后否认该事件曾发生过。不可否认性为信息接收者提供证据,使发送者谎称未发送过这些信息或否认它的内容的企图无法得逞;同时,其给信息发送者提供证明,使接收者谎称未接收过这些信息或者否认它的内容的企图不能得逞。

密码直接关系国家政治安全、经济安全、国防安全,是保护党和国家根本利益的战略性资源,是我们党和国家的"命门"。当前,我国正处于百年未有之大变局中,随着新一轮科技革命和产业革命全球化进程加速演进,网络安全已成为国家和地区间博弈的主战场,我国关键信息基础设施安全防护能力目前仍然薄弱,需要充分发挥密码技术的核心作用,加强网络安全工作,保障我国关键信息基础设施和大数据安全,服务数字经济发展和网络社会治理,为网络强国战略实施提供坚实支撑。密码将以前所未有的广泛影响力,深度融入大国博弈的各主战场,密码技术工作任重道远。

　## 操作与实践

请找一找与本章内容不一样的密码故事,和身边的同学分享。

思考题

1. 密码学发展分为哪几个阶段？各自的特点是什么？
2. 请简述密码学是如何成为一门学科的。
3. 密码在信息安全中的主要作用有哪几个？请分别简述。
4. 1931 年，周恩来亲自编制了共产党第一部密码，叫作什么？其意义是什么？
5. 请谈谈你对密码的理解与认识。

参考文献

[1] 彭长根. 现代密码学趣味之旅[M]. 北京：金城出版社，2015.

[2] 霍炜，郭启全，马原. 商用密码应用与安全性评估[M]. 北京：电子工业出版社，2020.

[3] 商用密码知识与政策干部读本编委会. 商用密码知识与政策干部读本[M]. 北京：人民出版社，2017.

[4] 王秋丽. 世界三次大规模密码算法评选活动介绍[J]. 信息安全与通信保密，2004(2)：76-78.

[5] 李子臣. 密码学——基础理论与应用[M]. 北京：电子工业出版社，2019.

[6] 结城浩. 图解密码技术[M]. 北京：人民邮电出版社，2015.

[7] PAAR C，PELZL J. 深入浅出密码学[M]. 北京：清华大学出版社，2012.

[8] 张健，任洪娥，陈宇. 密码学原理及应用技术[M]. 北京：清华大学出版社，2011.

[9] 刘辛越. 密码技术是信息安全的核心技术[EB/OL]. 环球网科技，[2014-11-27]. https://tech.huanqiu.com/article/9CaKrnJFTxl.

[10] 孙亚会，江吾堂. 红军反"围剿"时期的密码战[J]. 炎黄春秋，2019(8)：43-46.

[11] 石鼎. 忆红军密码破译奇才曹祥仁[N]. 文摘报，2017-8-29(8).

[12] 陈建辉，张维民. 老一辈无产阶级革命家保密佚事[J]. 保密工作，2008(4)：56-57.

[13] 康彦新. 西柏坡："赶考"出发地[N]. 光明日报，2021-2-9(5).

[14] 费侃如. 四渡赤水战役中的情报工作[J]. 福建党史月刊，2013(21)：4.

[15] 刘华东. 筑牢维护国家安全的密码防线[EB/OL]. 中国人大网，[2020-10-27]. http://www.npc.gov.cn/npc/c30834/202010/ca38f620eaca4550a110eb6132d83799.shtml.

[16] 龙海波，王伟进. 更好发挥数字技术对社会治理的支撑作用[N]. 经济日报，2020-7-29(10).

[17] 徐汉良. 推动密码与大数据的融合发展[J]. 中国信息安全，2018(8)：48-50.

第 2 章

密码算法

一次 Bob 来到某城市出差,偶然间得知一个非常重要的商业秘密,需要立即向老板 Alice 汇报,但是又担心竞争对手 Eve 中途截获这个秘密,此时 Bob 面临以下几个难题。

(1)能否通过一种特殊的方式让 Alice 接收 Bob 发送的信息,同时保证 Eve 即使拿到 Bob 发送的信息后,也无法得到任何有用的消息呢?

(2)如果上面的特殊方式存在,那么 Alice 如何才能准确从中获得真正的秘密呢?(别忘了,对手 Eve 一直在暗中窥视)

(3)如果 Alice 和 Bob 一直无法躲开对手 Eve 的窃听,又该怎么办?

(4)Alice 和 Bob 怎么才能确认是彼此发送的信息,而不是 Eve 冒充对方发来的信息?

(5)即使确认消息来自 Alice(或 Bob),又怎么确认消息的内容没有被 Eve 篡改过呢?

为了解决这些问题,接下来要开启一段密码算法的学习旅程。本章首先介绍古典密码和对称密码,这些内容可以帮助 Bob 解决第一个难题,后面介绍的公钥密码可以很好地解决 Bob 的第二个难题。至于第三个和第四个难题,则要依赖数字签名和散列函数的知识解决。本章最后将介绍几种我国商用密码算法,这些商用密码算法已成为国际标准,体现了我国密码算法已达到国际先进水平。

2.1　古典密码

2.1.1　代替密码

1. 凯撒密码

已知最早的代替密码就是由古希腊时期 Julius Caesar 发明的凯撒密码,它是一种典型的单表代替密码。凯撒密码的加密原理就是把每个英文字母用其随后的第三个字母代替,即 A 变成 D,B 变成 E……当字母表到达最后一个字母时,就回到 A,B,C,如表 2-1 所示。

表 2-1　凯撒密表

明文	A	B	C	D	E	F	G	H	I	J	K	L	M	N	O	P	Q	R	S	T	U	V	W	X	Y	Z
密文	D	E	F	G	H	I	J	K	L	M	N	O	P	Q	R	S	T	U	V	W	X	Y	Z	A	B	C

【**例 2-1**】　下面是一段使用凯撒密码加密后的密文：

"HW WX EUXWH?"

你能知道它传达的消息是什么吗？

解：通过表 2-1 可以查询出上面密文对应的明文为"ET TU BRUTE?"。这是莎士比亚戏剧中凯撒的遗言(注：这并不完全符合历史上的真实情况)。凯撒密码的加密过程如图 2-1 所示。

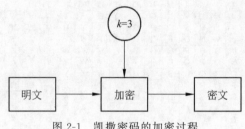

图 2-1　凯撒密码的加密过程

凯撒密码的解密过程如图 2-2 所示。

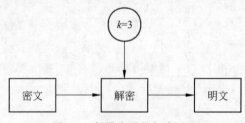

图 2-2　凯撒密码的解密过程

凯撒密码仅有 25 种可能的密钥，因此安全性是远远不够的，很容易被暴力攻击破解。而凯撒密码的另一种扩展形式被称为仿射密码，通过允许任意代替，密钥空间将会急剧增大。其具体原理是将字母 a,b,…,z 分别用数字 0,1,…,25 表示。因此,加密过程可以用一个数学公式表示

$$C = (aM + k) \bmod 26$$

其中 M 为明文，C 为密文，k 为密钥。相应的解密算法是

$$M = a^{-1}(C - k) \bmod 26$$

特别地,当 $a = 1$，$k = 3$ 时,对应的仿射密码就是凯撒密码。

2. 维吉尼亚密码

上面介绍的是单表代替密码，因为它带有原始字母使用频率的一些统计学特征，所以单表代替密码比较容易被攻破。一种能够增强它安全性的对策就是每个字母提供多种代替，即一个明文可以变换成不同的密文。维吉尼亚密码就是一个典型的多表代替密码(见图 2-3)，它是由法国著名科学家 Blaise De Vigenère 命名的。

维吉尼亚密码体制有一个参数 n，具体加密方式如下。

设明文 $m = (m_1, m_2, \cdots, m_n)$，密钥 $k = (k_1, k_2, \cdots, k_n)$，则密文 $E_k(m) = (c_1, c_2, \cdots,$

c_n），其中

$$c_i = (m_i + k_i) \bmod 26, \quad i = 1, 2, \cdots, n$$

解密过程如下：

$$m_i = (c_i - k_i) \bmod 26, \quad i = 1, 2, \cdots, n$$

	0	1	2	3	4	5	6	7	8	9	10	11	12	13	14	15	16	17	18	19	20	21	22	23	24	25
0	A	B	C	D	E	F	G	H	I	J	K	L	M	N	O	P	Q	R	S	T	U	V	W	X	Y	Z
1	B	C	D	E	F	G	H	I	J	K	L	M	N	O	P	Q	R	S	T	U	V	W	X	Y	Z	A
2	C	D	E	F	G	H	I	J	K	L	M	N	O	P	Q	R	S	T	U	V	W	X	Y	Z	A	B
3	D	E	F	G	H	I	J	K	L	M	N	O	P	Q	R	S	T	U	V	W	X	Y	Z	A	B	C
4	E	F	G	H	I	J	K	L	M	N	O	P	Q	R	S	T	U	V	W	X	Y	Z	A	B	C	D
5	F	G	H	I	J	K	L	M	N	O	P	Q	R	S	T	U	V	W	X	Y	Z	A	B	C	D	E
6	G	H	I	J	K	L	M	N	O	P	Q	R	S	T	U	V	W	X	Y	Z	A	B	C	D	E	F
7	H	I	J	K	L	M	N	O	P	Q	R	S	T	U	V	W	X	Y	Z	A	B	C	D	E	F	G
8	I	J	K	L	M	N	O	P	Q	R	S	T	U	V	W	X	Y	Z	A	B	C	D	E	F	G	H
9	J	K	L	M	N	O	P	Q	R	S	T	U	V	W	X	Y	Z	A	B	C	D	E	F	G	H	I
10	K	L	M	N	O	P	Q	R	S	T	U	V	W	X	Y	Z	A	B	C	D	E	F	G	H	I	J
11	L	M	N	O	P	Q	R	S	T	U	V	W	X	Y	Z	A	B	C	D	E	F	G	H	I	J	K
12	M	N	O	P	Q	R	S	T	U	V	W	X	Y	Z	A	B	C	D	E	F	G	H	I	J	K	L
13	N	O	P	Q	R	S	T	U	V	W	X	Y	Z	A	B	C	D	E	F	G	H	I	J	K	L	M
14	O	P	Q	R	S	T	U	V	W	X	Y	Z	A	B	C	D	E	F	G	H	I	J	K	L	M	N
15	P	Q	R	S	T	U	V	W	X	Y	Z	A	B	C	D	E	F	G	H	I	J	K	L	M	N	O
16	Q	R	S	T	U	V	W	X	Y	Z	A	B	C	D	E	F	G	H	I	J	K	L	M	N	O	P
17	R	S	T	U	V	W	X	Y	Z	A	B	C	D	E	F	G	H	I	J	K	L	M	N	O	P	Q
18	S	T	U	V	W	X	Y	Z	A	B	C	D	E	F	G	H	I	J	K	L	M	N	O	P	Q	R
19	T	U	V	W	X	Y	Z	A	B	C	D	E	F	G	H	I	J	K	L	M	N	O	P	Q	R	S
20	U	V	W	X	Y	Z	A	B	C	D	E	F	G	H	I	J	K	L	M	N	O	P	Q	R	S	T
21	V	W	X	Y	Z	A	B	C	D	E	F	G	H	I	J	K	L	M	N	O	P	Q	R	S	T	U
22	W	X	Y	Z	A	B	C	D	E	F	G	H	I	J	K	L	M	N	O	P	Q	R	S	T	U	V
23	X	Y	Z	A	B	C	D	E	F	G	H	I	J	K	L	M	N	O	P	Q	R	S	T	U	V	W
24	Y	Z	A	B	C	D	E	F	G	H	I	J	K	L	M	N	O	P	Q	R	S	T	U	V	W	X
25	Z	A	B	C	D	E	F	G	H	I	J	K	L	M	N	O	P	Q	R	S	T	U	V	W	X	Y

图 2-3　维吉尼亚密码

【例 2-2】　明文为 applied cryptosystem，密钥是 $k = $ cipher，请用维吉尼亚密码计算密文。

解：首先将明文按 6 个字母进行分组，再将明文字母换成相应的数字，然后用模 26 加上对应的密钥数字。

密文为：cxesmvfkgftkqanzxvo。

2.1.2　置换密码

本节将介绍另外一种加密方法，即利用对明文置换进行加密，这种密码称为置换密码。下面介绍两种典型的置换密码。

1. 栅栏密码

栅栏密码是最简单的置换密码，它的加密原理非常简单，就是按照对角线的顺序写出明文，然后按照行的顺序读出并将其作为密文，即将明文分成 N 组，然后把每组的第 i 个字符连起来，形成一段无规律的字符。

【例 2-3】　明文为 rail fence，请计算使用深度为 2 的栅栏密码加密后的密文。

解：去掉空格后的明文为 railfence，按照每 2 个一组分组后的明文为 ra il fe nc e，然后分栏写为如下形式

$$r \quad i \quad f \quad n \quad e$$
$$a \quad l \quad e \quad c$$

因此,密文为 rifnealec。

2. 矩形密码

矩形密码就是将明文用一种特殊的方式写成一个矩阵,然后再用另一种形式重新读取。通过下面的例题可以帮助理解矩形密码。

【例 2-4】 明文为 transposition cipher,请计算使用列数为 4 的矩阵密码加密后的密文。

解:首先,将明文写成下面的矩阵形式

$$t \quad r \quad a \quad n$$
$$s \quad p \quad o \quad s$$
$$i \quad t \quad i \quad o$$
$$n \quad c \quad i \quad p$$
$$h \quad e \quad r \quad x$$

因此,密文为 tsinh rptce aoiir nsopx。

2.1.3 转轮机密码

第一次世界大战结束后,出现了一种新的加密设备——转轮机。1917—1923 年短短 6 年时间里,就有来自 4 个不同国家的人分别独立发明了转轮机。

在第二次世界大战期间,德国使用的恩尼格玛(Enigma)密码机和日本使用的 Purple 密码机都是使用了转轮原理的密码机。后来盟军成功破译了这两种密码机,对第二次世界大战的结局产生了十分重要的影响。

恩尼格玛密码机(见图 2-4)中转轮机(见图 2-5)的每个转子有两个面,每个面都有 26 个金属触点,每个触点代表一个字母。这样,字母从一面的触点输入,然后经过导线从另外一面的不同位置输出。因此,字母的代替过程由机器完成。

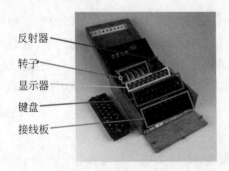

反射器
转子
显示器
键盘
接线板

图 2-4 恩尼格玛密码机

图 2-5 恩尼格玛密码机的转轮机

"Enigma"在德语中是"哑谜"的意思,因此恩尼格玛密码机又被称为"哑谜密码机"。恩尼格玛密码机中 3 个转子中的每一个都转一圈后,就有 $26 \times 26 \times 26 = 17576$ 种不同的组合。在第二次世界大战期间,德国把密码战的赌注压在恩尼格玛密码机上,相信存在

"牢不可破的密码"。后来,密码天才图灵从数学上正式破译了恩尼格玛密码,从此恩尼格玛密码退出了主流的历史舞台。

2.2 对称密码

对称密码算法在加密与解密过程中使用相同的或容易相互推导得出的密钥,即加密和解密的密钥是"对称"的。这如同往保险箱里放物品,放入时需要用钥匙或密码打开;想取出物品时,还需要使用同样的钥匙或密码开锁。早期的密钥算法都是对称形式的密码算法。

对称密码的加密过程和解密过程如图 2-6 所示,其中实线部分为加密过程,虚线部分为解密过程。用户使用密钥将明文通过加密算法变换为密文,密文的具体值由加密算法和密钥共同决定。因此,只有掌握了同一个密钥和解密算法的用户,才能将密文逆变换成明文。

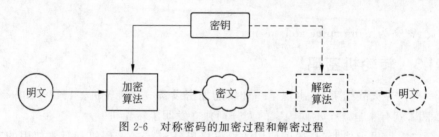

图 2-6　对称密码的加密过程和解密过程

针对不同的数据类型和应用环境,对称密码主要有两种形式:一是序列密码(也称"流密码",Stream Cipher);二是分组密码(也称"块密码",Block Cipher)。下面分别介绍这两种对称密码。

2.2.1　序列密码

序列密码起源于 20 世纪 20 年代的 Vernam 密码体制,是世界各国的军事和外交等领域中使用的重要密码体制之一。序列密码的加密和解密思想都非常简单,就是用一个伪随机序列与明文序列叠加产生密文,然后用同一个随机序列和密文进行叠加恢复明文。常见的国外序列密码算法有 SNOW、RC4 等,我国发布的商用密码 ZUC 算法就是一种序列密码算法。

1. 序列密码的工作流程

如图 2-7 所示,序列密码的加密操作非常简单,只采用了异或操作。此外,序列密码的密钥流生成与明文并无关联,所以可以在明文序列到来之前生成。序列密码的运行速度非常快,可用于如移动终端等计算能力受限的系统。

2. 一次一密

序列密码的安全性依赖于密钥伪随机序列。当密钥流是均匀分布且无记忆的真随机

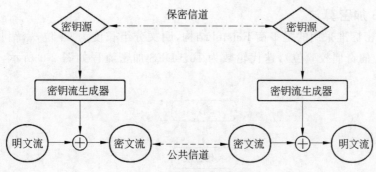

图 2-7 序列密码的模型

序列时,这种序列密码就成为"一次一密"的密码。如果"一次一密"中每个密钥只使用一次,那么它就达到了理论上的不可破译。在第一次世界大战中,"一次一密"主要应用于如间谍向总部发送情报等特定情况。

1949 年,香农从数学上严格证明了:"如果密钥序列是绝对随机的,那么密码破译者将无法破解'一次一密'的加密信息",即理论上不存在"一次一密"的多项式破译算法,因此"一次一密"可以达到理论上的绝对安全。但是"一次一密"也面临着如随机密钥序列生成、分配等实际应用的巨大挑战。

【例 2-5】 设明文为 0101 0110 1010,密钥为 1001 1100 0001,使用"一次一密"计算其密文。

解:将明文和密钥做异或运算,即

$$0101\ 0110\ 1010 \oplus 1001\ 1100\ 0001 = 1100\ 1010\ 1011$$

得到密文 1100 1010 1011。

2.2.2 分组密码

1. 分组密码模型

分组密码是将明文按照长度 n 进行分组,使得每组明文分别在密钥控制下变换成长度相同的密文,如图 2-8 所示。分组密码设计的两个基本方法就是扩散和混淆,其目的是能够抵抗统计分析。扩散是为了让每一位明文可以影响到多位密文,即将明文的统计特性散布到密文中。混淆是为了让密钥和密文之间的统计关系变得尽可能复杂,从而使得敌人无法从密文中推测出密钥的有用信息。

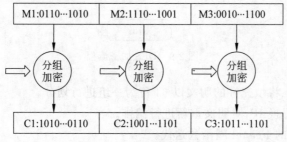

图 2-8 分组密码模型

2. DES 加密算法

DES 加密标准采用的是平衡 Feistel 结构，明文分组长度为 64 位，密钥长度为 64 位（其中有 8 位的奇偶校验位），迭代轮数为 16。DES 加密流程如图 2-9 所示，具体算法描述如下。

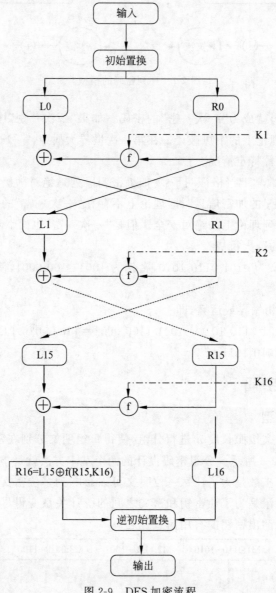

图 2-9　DES 加密流程

（1）明文分组。将填充好的明文以 64 位为一组进行划分。

（2）经过初始置换 IP，对明文重新进行编排。

（3）经过 16 轮的 Feistel 圈函数迭代。

（4）经过逆初始置换IP^{-1}，按位重排，输出密文。

3. AES 加密算法

1997 年 9 月 12 日，美国政府公布了正式征集 AES 候选算法的通告，对 AES 算法的基本要求是：执行性能比三重 DES 算法快，至少与三重 DES 算法一样安全。总体来说，AES 算法的安全性能是良好的。

AES 算法的分组长度是 128 位，密钥长度可以为 28 位、192 位、256 位三者中的任意一种。AES 算法的处理单位是字节，128 位的输入明文分组 P 和输入密钥 K 都被分为 16 字节。一般地，明文分组用以字节为单位的正方形矩阵描述，称为状态（State）矩阵。在算法的每一轮，状态矩阵的内容不断发生变化，最后的结果作为密文输出 C。AES 算法加密流程如图 2-10 所示。

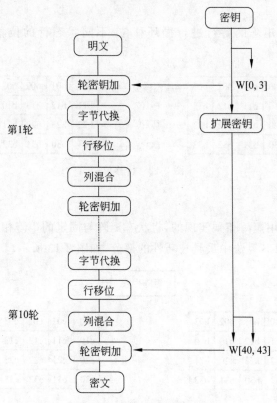

图 2-10　AES 算法加密流程

AES 算法的设计思想主要满足以下 3 条标准。

（1）抵抗所有已知的攻击。

（2）运行速度快，编码紧凑。

（3）设计简单。

AES 算法的 4 个阶段分别如下。

（1）字节代换。

字节代换是独立地对状态的每个字节进行的非线性变换。字节代换是可逆的,如图 2-11 所示。

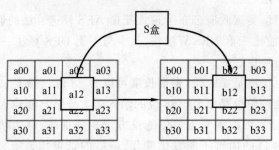

图 2-11　字节代换

(2) 行移位。

行移位是将状态矩阵的各行进行循环移位,不同状态行的位移量不同,如图 2-12 所示。

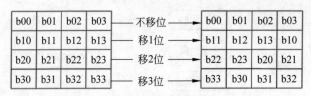

图 2-12　行移位

(3) 列混合。

列混合变换是利用矩阵相乘实现的,将状态矩阵与固定的矩阵相乘,得到新的状态矩阵。列混合变换是 AES 算法中最具技巧性的部分,如图 2-13 所示。

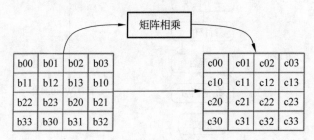

图 2-13　列混合

(4) 轮密钥加。

轮密钥加比较简单,即将轮密钥与矩阵状态值逐字节进行异或。

不同于 DES 算法,AES 算法并未使用 Feistel 结构,所以 AES 算法的解密过程与加密过程并不一致。解密操作的一轮就是顺序执行逆行移位、逆字节代换、轮密钥加和逆列混合。

4. 分组密码的工作模式

一般地,分组密码的分组大小为一固定值,如 128 位。如果消息长度不是分组长度的整数倍时,就需要在加密前先将消息进行填充,然后按照分组长度进行分组。分组密码可以使用多种工作模式完成对数据的加密。这里主要介绍其中两种工作模式。

(1) ECB 模式。

ECB 模式是分组密码的一种基本工作模式,其加密和解密模式如图 2-14 和图 2-15 所示。ECB 模式具有简单高效、易于实现的优点。此外,ECB 模式还可以采用并行处理的方式。

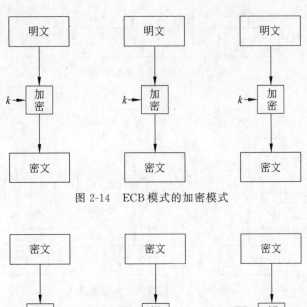

图 2-14 ECB 模式的加密模式

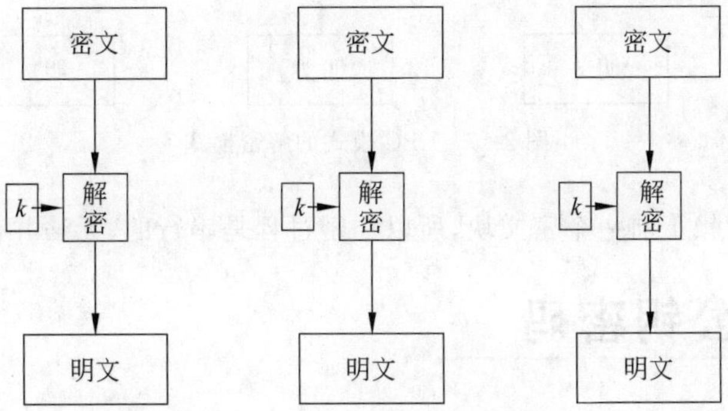

图 2-15 ECB 模式的解密模式

ECB 模式存在一定的安全风险,例如相同的明文块对应相同的密文块,此外,对密文块的重排也会导致明文块的重排。所以,在实际应用中并不推荐单独使用 ECB 模式,而是 ECB 模式与其他工作模式联合使用。

(2) CBC 模式。

CBC 模式的加密和解密模式如图 2-16 和图 2-17 所示。首先,每个明文块与前一组的密文块按位异或;然后,再将异或结果送至加密模块进行加密。其中,IV 表示初始向量。CBC 模式中的密文块不仅与当前的明文块有关,还和以前的密文块有关。

解密时,当前密文块解密运算后的结果与前一个密文块进行异或,得到对应的明文块。初始向量 IV 用于输出第一个明文。

CBC 模式相比于 ECB 模式可以抵抗密文重排攻击。另外,相同的明文块对应不同的密文块。但是,CBC 模式需要使用 IV,且每次加密 IV 都必须重新生成。因为后一个

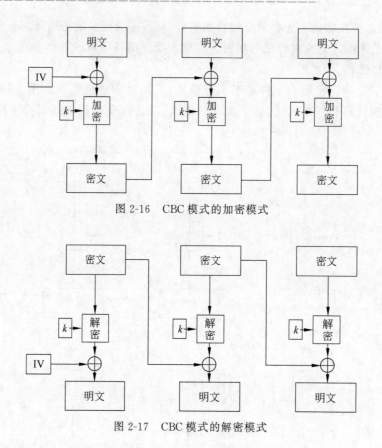

图 2-16 CBC 模式的加密模式

图 2-17 CBC 模式的解密模式

密文块的生成要依赖于前一个密文块,所以加密过程是串行的,无法并行处理。

2.3 公钥密码

随着计算机和网络技术的飞速发展,对称密码体制已经不能完全满足人们对保密通信的需求,对称密码体制的局限性主要表现在以下 3 方面。

1. 密钥分配问题

通信双方进行保密通信,需要发送者和接收者事先通过一个安全信道协商一个密钥,而密钥协商这个过程通常是比较困难的。例如,在第二次世界大战期间,德国高级指挥部每个月都需要给所有的密码机操作员发送《每月密钥》月刊,有许多远离基地的潜艇和部队也不得不想办法获得最新密钥。而在当今这个网络飞速发展的时代,密钥分配仍然是一个迫切需要解决的问题。例如,在电子商务等网络应用中,许多互相不认识的网络用户间也常常需要进行大量的保密通信。

2. 密钥管理问题

在对称密码体制中,任何两个用户之间进行保密通信,都需要一个密钥。当网络中用户量很大时,需要管理的密钥数目就变得非常惊人。例如,一个有 500 个用户的网络中,用户彼此间进行保密通信就需要 $C_{500}^2 = 124750$ 个密钥。

3. 数字签名问题

当用户 Alice 收到用户 Bob 发来的电子文件后,如何向第三方证明这份电子文件的确是用户 Bob 发来的? 这就需要使用数字签名功能。但是,对称密码体制很难从机制上提供数字签名功能,因此也就无法满足通信中的抗抵赖需求。

2.3.1 公钥密码简介

公钥密码算法又被称为非对称密码算法,它既可用于加解密消息,也可用于数字签名。公钥密码算法打破了对称密码算法加密和解密必须使用相同密钥的限制,在公钥密码中加密密钥可以公开,称为公钥;解密密钥需要保密,称为私钥。公钥、私钥是密切关联的,从私钥可以推导出公钥,但从公钥推导出私钥在计算上是不可行的。

公钥密码学的发展是整个密码学发展史中一次伟大的革命。公钥密码算法一般建立在公认的计算困难问题之上,如大数分解问题。公钥密码具有可证明安全性,即如果公钥密码算法所依赖的问题是困难的,那么这个密码算法就可以归约到这个困难问题,进而就证明了这个公钥密码算法是安全的。

目前,公钥密码体制主要包括基于大数分解困难性的 RSA 密码类(如 RSA 算法)、基于离散对数问题困难性的密码类,以及后量子密码。常见的公钥密码算法有 RSA 算法、椭圆曲线数字签名算法等。我国颁布的商用密码标准算法 SM2、SM9 也是非常典型的公钥密码算法。

由于公钥密码运算操作(如模幂、椭圆曲线点乘)的计算复杂度比较高,因此,通常公钥加密算法的加密速度远低于对称加密算法的加密速度。实际使用时,公钥加密算法主要用于短数据的加密,如建立共享密钥,而对称加密算法则主要用于长数据的加密。

图 2-18 是使用公钥进行加密的模型。注意,在执行公钥加密操作前,需要先查找接收方的公钥,然后用接收方的公钥对消息进行加密。当接收方接收到密文后,则使用自己的私钥进行解密,从而得到原消息的明文。

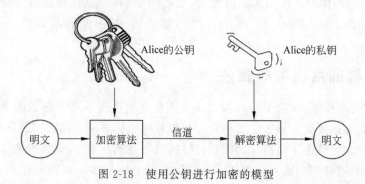

图 2-18 使用公钥进行加密的模型

2.3.2 RSA 公钥加密算法

RSA 密码算法是 1978 年由 3 位来自麻省理工学院(MIT)的 Rivest、Shamir 和

Adleman 提出的,RSA 方案的命名取自这 3 位教授姓氏的首字母。RSA 算法是基于大整数因子分解难题设计的,可用于加解密、数字签名等。由于 RSA 算法的设计简洁、清晰,因此它是第一个投入使用,也是目前为止应用较广泛的公钥密码算法。1992 年,RSA 算法被纳入国际电信联盟制定的 x.509 系列标准。

RSA 加解密算法的过程如下。

(1) 密钥生成。

选取两个随机的大素数 p 和 q,计算 $n = pq$ 和 $\phi(n) = (p-1)(q-1)$;

随机选择一个数 e,使其与 $\phi(n)$ 互素;

计算 $d = e^{-1} \bmod \phi(n)$;

公开 (n, e) 作为公钥,将 (d, p, q) 作为私钥。

(2) 加密过程。

对于明文 m,计算密文 $c = m^e \bmod n$。

(3) 解密过程。

对于密文 c,计算明文 $m = c^d \bmod n$。

【例 2-6】 请演示使用 RSA 加密算法对明文 $m = 165$ 进行加解密。这里假设用户选取 $p = 11, q = 23, e = 3$。

解: 根据题意,

$$n = pq = 253$$
$$\phi(n) = (p-1)(q-1) = 220$$
$$d = e^{-1} \bmod \phi(n) = 147$$

使用公钥进行加密得到密文为

$$c = m^e \bmod n = 165^3 \bmod 253 = 110$$

使用私钥进行解密得到明文为

$$m = c^d \bmod n = 110^{147} \bmod 253 = 165$$

注意: 在实际应用中建议公钥 n 至少选用 2048 位,即选用 RSA2048 算法。

RSA 公钥密码体制既可用于数据加密,也可用于数字签名,且具有安全、易懂、易实现等特点。例如,Photoshop、Acrobat 等产品都采用 RSA 密码验证产品是否为正版软件。

2.3.3 椭圆曲线密码算法

1985 年,Neal Koblitz 和 Victor Miller 分别独立地提出了基于椭圆曲线数学的密码体制,它到目前为止被认为是非常安全且十分高效的密码。椭圆曲线密码体制与 RSA 公钥密码体制相比,优势在于用很少的密钥比特就可以达到和 RSA 同等的安全性。下面介绍一种比较简单的椭圆曲线加密算法——椭圆曲线上的 ElGamal 密码体制,具体算法描述如下。

(1) 密钥产生。

系统选取公开参数为一个椭圆曲线 E 和模数 p,方案使用者进行如下操作。

① 任意选取一个整数 k,满足 $0 < k < p$。

② 任意选取一个 $A \in E$，然后计算 $B = kA$。

③ 输出公钥 (A,B)，保留私钥 k。

（2）加密算法。

① 假设明文 M 是椭圆曲线 E 上的一点。

② 任意选择一个整数 $r \in Z_p$，然后按照如下方法计算密文。

$$(C_1,C_2) = (rA,M+rB)$$

（3）解密算法。

计算 $M = C_2 - kC_1$。

【例 2-7】 明文为 $M = (10,9)$，$p = 11$，$E:y^2 = x^3 + x + 6 \bmod 11$，使用上述密码算法求具体加密过程。

解：选择 $k = 7$，$A = (2,7)$，计算得到 $B = (7,2)$；

任选 $r = 3$，则有 $(C_1,C_2) = (rA,M+rB) = [(8,3),(10,2)] \bmod 11$。

2.4　数字签名

数字签名是电子信息技术发展的产物，主要用于确认数据的完整性、签名者身份的真实性和签名行为的不可否认性等。数字签名由公钥密码发展而来，但它与公钥加密算法使用公钥、私钥的顺序不同，数字签名使用私钥对消息进行签名，使用公钥对签名进行验证。不仅如此，数字签名还可以实现认证机制，即可以通过某人的数字签名判断该信息是否为某用户发出的，而不是他人伪造的。

在应用中，为保证安全性及提高效率，数字签名算法中一般需要先使用密码散列算法对原始消息进行散列运算，然后再对消息摘要进行数字签名。

2.4.1　数字签名简介

1. 数字签名的特点

数字签名是对以电子形式存储的消息进行签名，并使得签名后的消息可以通过网络进行传输。数字签名应具有以下几个基本特点。

（1）签名不能被伪造。

（2）签名者不能否认自己的签名。

（3）签名容易被验证。

（4）能够认证被签消息的完整性。

2. 数字签名的过程

数字签名包括签名和验签两个过程，如图 2-19 和图 2-20 所示。

签名：使用私钥进行签名。

验签：使用公钥进行验证。

数字签名的一般流程如下。

（1）签名方使用 Hash 函数计算消息 m 的消息摘要 $H(m)$。

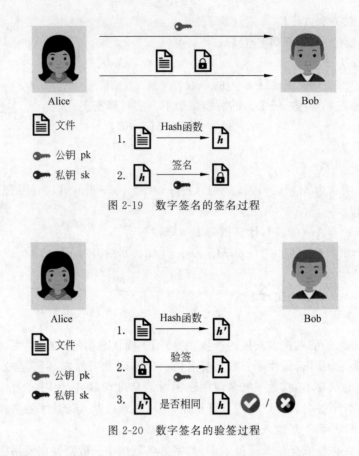

图 2-19　数字签名的签名过程

图 2-20　数字签名的验签过程

（2）签名方使用自己的私钥对消息摘要 $H(m)$ 进行加密，得到签名 s。

（3）签名方将消息和消息摘要，以及签名一块打包发送给验证方。

（4）验证方接收到签名后，使用 Hash 函数计算消息 m 的消息摘要 $H(m)$。

（5）验证方用签名方的公钥对加密后的消息摘要进行解密。

（6）验证方判断解密后得到的消息摘要是否与自己计算出的消息摘要相同，若相同，则判定签名有效；否则，签名无效。

2.4.2　ElGamal 签名算法

ElGamal 签名方案的变形已被美国国家标准与技术研究所采纳为数字签名算法，其具体描述如下。

1. 密钥选择

首先系统选取一个大素数 p 和它的本原根 a。

签名用户随机选取一个整数 $x(1 \leqslant x \leqslant p-1)$ 作为自己的私钥，并计算 $y=a^x \bmod p$ 作为自己的公钥。

2. 签名过程

签名用户选择一个随机数 $k \in Z_p^*$，$\gcd(k, p-1)=1$。

签名用户先通过 Hash 函数得到消息 m 的消息摘要 $H(m)$，然后计算

$$r = a^k \bmod p$$
$$s = (H(m) - xr)k^{-1} \bmod (p-1)$$

将 (r,s) 作为消息 m 的签名，并与消息 m 一块打包发送给接收方。

3. 签名验证过程

签名验证方收到消息和签名后，首先计算消息 m 的消息摘要 $H(m)$；

然后判定 $y^r r^s \bmod p = a^{H(m)} \bmod p$ 是否成立？若成立，则说明签名有效；否则，签名无效。

2.5　散列函数

散列函数也称作"杂凑函数"或"Hash 函数"，它可以将任意长度的输入变换成固定长度的输出，且散列函数还具有单向性，因此，它常用于数据的完整性认证、数字签名等领域。

2.5.1　散列函数简介

散列函数能够对任意长度的消息进行压缩，输出固定长度的消息摘要或散列值，如图 2-21 所示，该过程表示为

$$h = H(M)$$

其中，M 是输入的消息；h 是经过散列算法 H 输出的散列值，其长度通常是固定的。

一般来说，散列算法具有如下性质。

图 2-21　散列函数

（1）抗原像攻击（也称为单向性）。给定一个输出，找到能映射到该输出的一个输入，在计算上是困难的，即给定消息的散列值 h，找到消息 M 使得 $h = H(M)$ 是困难的。

（2）抗第二原像攻击（也称为弱抗碰撞性）。给定一个输入，找到能映射到同一输出的另一个输入，在计算上是困难的，即给定消息 M_1，找到另外一个消息 M_2，使得 $H(M_2) = H(M_1)$ 是困难的。

（3）强抗碰撞攻击。找到两个不同的输入映射到同一输出，在计算上是困难的，即找到两个消息 M_1、M_2（$M_1 \neq M_2$），使得 $H(M_1) = H(M_2)$ 是困难的。

2.5.2　MD5 算法

MD5 算法是由麻省理工学院的 Ronald Rivest 于 1991 年提出的，其前身有 1989 年开发的 MD2 算法、1990 年开发的 MD4 算法。MD5 算法首先将输入消息划分成若干分组，每个分组长度为 512 位。然后再将每个分组划分成 16 个子分组，每个子分组长度为 32 位。经过一系列变换后，最终输出长度为 128 位的消息摘要。MD5 算法是计算机领

域中广泛使用的一种散列函数,可用于数字签名、完整性保护、安全认证、口令保护等。

2005 年,密码学家根据我国王小云教授提出的比特追踪分析方法给出了 MD5 算法的碰撞实例。目前,一部智能手机仅用 30s 就可以找到 MD5 算法的碰撞。这些研究成果的碰撞案例表明 MD5 算法已不再适合实际应用。但是,MD5 算法作为散列函数常用构造方式 Merkle-Damgård 模型的一个典型代表,其设计方法还是值得借鉴的。MD5 具体算法分为以下几个步骤。

(1) 对消息进行填充。在消息末尾添加一些额外位来填充消息,使消息长度等于 448 mod 512(比 512 位少 64 位)。例如,长度为 704 位的消息,则添加 256 位的填充消息使其长度达到 960 位。

(2) 添加消息的长度消息。将消息的原始长度调整为 mod 64,然后在消息末尾添加 64 位的数字。例如,一个长度为 704 位的消息,其长度的二进制表示为 1011000000,那么将这个二进制数写成 64 位,即在其前面添加 54 个 0,最后将这个长度信息添加到消息的末尾。

(3) 按 512 位长度对消息进行分组。经过前两步之后,消息长度恰好是 512 的整数倍,因此可以将消息按照 512 位长度进行分组。

(4) 将每个分组再分成 16 位长度的子分组,经过一系列处理生成一个 128 位的散列值。

2.5.3 SHA 系列算法

1. SHA-1 算法

安全 Hash 算法于 1993 年由美国国家标准与技术研究所(NIST)开发,作为联邦信息处理标准发表,于 1995 年修订,作为 SHA-1,即美国的 FIPS PUB 180-1 标准。SHA-1 的设计思想是基于 MD4 算法的,并在很多方面与 MD5 算法有类似之处。SHA-1 的输入长度小于 264 位,输出的消息摘要长度为 160 位。

2005 年,我国王小云院士首次给出了 SHA-1 的碰撞攻击。2017 年,荷兰计算机科学与数学研究中心和谷歌研究人员合作找到了世界首例针对 SHA-1 算法的碰撞实例:生成了两个 SHA-1 消息摘要相同但内容不同的文件,使得对 SHA-1 算法的攻击从理论变为现实。这标志着 SHA-1 算法和其后继算法存在重大的安全风险,也意味着它们即将退出历史舞台。

2. SHA-2 算法

2001 年,美国国家安全局(NSA)和 NIST 提出了 SHA-2 算法,虽然 SHA-2 与 SHA-1 一样都是基于 M-D 模型设计的,但是其增加了很多变化来提升安全性。SHA-2 算法共包含 6 个不同的版本:SHA-224、SHA-256、SHA-384、SHA-512、SHA512/256、SHA-512/224,6 个版本都是由 SHA-256 和 SHA-512 衍生出来的。SHA-2 算法支持 224、256、384 和 512 位 4 种不同长度的输出。SHA-256 和 SHA-512 是 SHA-2 中的主要算法,其他版本的算法都是通过在这两者基础上输入不同初始值,并对输出进行截断得到的。目前没有发现对 SHA-2 算法的有效攻击。

3. SHA-3 算法

2005 年,SHA-1 的强抗碰撞性被攻破,在这样的背景下,2007 年,NIST 宣布公开征集新一代 NIST 的 Hash 函数标准,将其称为 SHA-3。2012 年,Keccak 算法胜出,最终被确定为 SHA-3 标准。2015 年,NIST 正式颁布了 FIPS 202,SHA-3 成为新一代密码学 Hash 函数的标准。

与 SHA-2 算法类似,SHA-3 算法也包含多个不同版本的算法,如 SHA3-224、SHA3-256、SHA3-384、SHA3-512 等。与 MD5、SHA-1、SHA-2 算法所采用的 M-D 模型不同,SHA-3 算法在设计上采用了一种新的结构,即"海绵"结构。在海绵函数中,输入消息按照固定长度进行分组,然后再将每个分组逐次作为每轮迭代的输入,同时将上轮迭代输出反馈到下轮迭代中。

(1) 不带密钥的散列函数。

不需要使用密钥,任何人都可以使用公开的散列函数进行消息的散列值验证,此时的散列值也被称为篡改验证码(MDC)。不带密钥的散列函数通常用于文件和报文的完整性检测。

(2) 带密钥的散列函数。

消息的散列值由通信双方共享的密钥 K 控制,这种带密钥的散列码称为消息认证码(MAC)。带密钥的散列函数通常用于对消息的认证。

消息认证码的实现方法是:首先将消息求散列值,然后用通信双方共享的密钥进行加密。当接收方接收后首先进行解密,然后提取散列值,并将其与对消息求出的散列值进行比较。

2.6　国密算法

2.6.1　SM2 算法

2010 年,我国国家密码管理局公布了 SM2 椭圆曲线公钥密码算法。2012 年,SM2 算法被发布为密码行业标准。2016 年被发布为国家标准,2017 年被纳入国际标准。

SM2 算法主要包括数字签名算法、密钥交换协议和公钥加密算法 3 个部分。在使用 SM2 算法之前,通信方需要事先设定公开参数:p,n,E 和 G。其中 p 是大素数,E 是定义在有限域 GF(p)上的椭圆曲线,$G=(x_G,y_G)$ 是 E 上 n 阶的基点。

2.6.2　SM3 算法

2010 年,我国国家密码管理局公布了密码杂凑算法 SM3。2012 年,SM3 算法成为密码行业标准。2016 年成为国家标准,2018 年 10 月成为 ISO/IEC 国际标准。SM3 可用于数字签名、安全认证等。SM3 算法具有运算速率高、支持跨平台实现等优点。

SM3 算法采用的是 M-D 模型,消息经过填充、扩展、迭代压缩后,生成长度为 256 位的散列值。

2.6.3 SM4 算法

SM4 算法是 2006 年我国国家密码管理局公布的无线局域网产品适用密码算法。2012 年,SM4 算法成为密码行业标准。2016 年成为国家标准。SM4 算法的分组长度和密钥长度都是 128 位,加密和解密算法结构相同,轮密钥使用顺序相反。

2.6.4 SM9 算法

2016 年,我国国家密码管理局发布了 SM9 标识密码算法密码行业标准。2017 年,在第 55 次 ISO/IEC 联合技术委员会信息安全技术分委员会(SC27)德国柏林会议上,含有我国 SM2 与 SM9 数字签名算法的 ISO/IEC 14888-3/AMD1《带附录的数字签名第 3 部分:基于离散对数的机制-补篇 1》一致通过,成为 ISO/IEC 国际标准,并在 2018 年 11 月以正文形式发布。

SM9 密码算法使用的是 256 位的 Barreto-Naehrig (BN)曲线、双线性对及安全曲线、椭圆曲线上双线性对的运算等基本知识和技术。SM9 密码算法不需要数字证书、证书库或密钥库。SM9 算法的具体内容如下。

1. SM9 数字签名算法

用椭圆曲线对实现的基于标识的数字签名算法包括数字签名生成算法和验证算法。签名者持有一个标识和一个相应的私钥,该私钥由密钥生成中心通过主私钥和签名者的标识结合产生。签名者用自身私钥对数据产生数字签名,验证者用签名者的标识生成其公钥,验证签名的可靠性,即验证发送数据的完整性、来源的真实性和数据发送者的身份。

2. SM9 密钥交换协议

该协议可以使通信双方通过对方的标识和自身的私钥经两次或三次信息传递过程,计算获取一个由双方共同决定的共享秘密密钥。该秘密密钥可作为对称密码算法的会话密钥,协议中可以实现密钥确认。

参与密钥交换的发起方用户 A 和响应方用户 B 各自持有一个标识和一个相应的私钥,私钥均由密钥生成中心通过主私钥和用户的标识结合产生。用户 A 和用户 B 通过交互的信息传递,用标识和各自的私钥商定一个只有他们知道的秘密密钥,用户双方可以通过可选项实现密钥确认。这个共享的秘密密钥通常用在某个对称密码算法中。

2.6.5 ZUC 算法

祖冲之序列密码(ZUC)算法是我国自主设计的流密码算法,包括祖冲之算法、加密算法 128-EEA3 和完整性算法 128-EIA3。祖冲之算法在逻辑上采用三层结构设计,如图 2-22 所示。

上层:线性移位寄存器使用一个有限域 $GF(2^{31}-1)$ 上的 16 次本原多项式作为连接多项式,输出 $GF(2^{31}-1)$ 上的一个 m 序列,并将其作为中间层比特重组模块的输入。

中间层:比特重组模块从线性移位寄存的状态中提取出 128 位,拼成 4 个字(X_0,

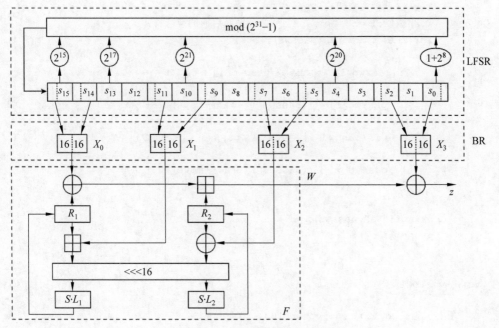

图 2-22　ZUC 序列密码算法结构图

X_1,X_2,X_3)后发送给下层的非线性函数 F 和输出密钥序列使用。

下层：非线性函数 F 从中间层的比特重组模块中接收 3 个字(X_0,X_1,X_2)作为输入，经过异或、循环移位和模运算后，再经过两个非线性 S 盒变换，最后输出一个 32 比特 W。

 ## 操作与实践

下面代码是凯撒密码的 C++ 语言实现，画出程序流程图，并理解两个 for 循环中每一行代码的含义。

```
# include <stdio.h>
# include <iostream>
# include <stdlib.h>
# include <string>
# include <string.h>
using namespace std;

//凯撒密码
void kaisa_e()
{
    char passwd[100],encrypted[100];
    int i,j,k,t,move;
        printf("输入要加密的明文:");
        gets(passwd);
```

```
        printf("输入密钥(1~25):");
        scanf("%d%*c",&move);          //抛弃后面的换行符
        for(i=0; i<strlen(passwd); i++)
        {
            if(passwd[i] >= 'A' && passwd[i] <= 'Z')
            {
                passwd[i] = ((passwd[i]-'A')+move)%26+'A';
            }
            else if(passwd[i] >= 'a' && passwd[i] <= 'z')
            {
                passwd[i] = ((passwd[i]-'a')+move)%26+'a';
            }
        }
        printf("%s",passwd);
        printf("\n");
}

void kaisa_d()
{
    char passwd[100],encrypted[100];
    int i,j,k,t,move;
        printf("输入要解密的密文:");
        gets(passwd);
        printf("输入密钥(1~25):");
        scanf("%d%*c",&move);          //抛弃后面的换行符
        for(i=0; i<strlen(passwd); i++)
        {
            if(passwd[i] >= 'A' && passwd[i] <= 'Z')
            {
                passwd[i] = ((passwd[i]-'A')-move)%26+'A';
            }
            else if(passwd[i] >= 'a' && passwd[i] <= 'z')
            {
                passwd[i] = ((passwd[i]-'a')-move)%26+'a';
            }
        }
        printf("%s",passwd);
        printf("\n");
}
```

编程实现仿射密码。

编程实现置换密码,并将其与凯撒密码、仿射密码比较,说一说这 3 种算法的优缺点。

 # 思考题

1. 设英文字母 A,B,C,…,Z 分别编码为 $0,1,…,25$,已知加密变换为 $C=(4m+5) \mod 26$。其中 m 表示明文,C 表示密文,请尝试对明文 tomorrow 进行加密。

2. 一种密码体制如图 2-23 所示,你能猜出图 2-24 对应的是什么意思吗?

3. 简述分组密码的设计准则。

4. 在 RSA 公钥密码体制中,假设用户 Bob 不小心泄露了自己的解密密钥 d,这时他只重新选取了新的加密密钥 e' 和解密密钥 d',并没有更换 n,Bob 这种做法安全吗? 为什么?

图 2-23　一种密码体制

图 2-24　一种图案

 参考文献

[1]　陈鲁生,沈世镒. 现代密码学[M]. 北京:科学出版社,2008.

[2]　胡向东,魏琴芳,胡蓉. 应用密码学[M]. 4 版. 北京:电子工业出版社,2019.

[3]　潘森杉,仲红,潘恒,等. 现代密码学概论[M]. 北京:清华大学出版社,2017.

[4]　唐四薪,李浪,谢海波. 密码学及安全应用[M]. 北京:清华大学出版社,2016.

[5]　SCHNEIER B. 应用密码学:协议·算法与 C 源程序[M]. 北京:机械工业出版社,2014.

[6]　张健,任洪娥,陈宇. 密码学原理及应用技术[M]. 2 版. 北京:清华大学出版社,2014.

[7]　杨义先,钮心忻. 密码简史[M]. 北京:电子工业出版社,2020.

[8]　STALLINGS W. 密码编码学与网络安全原理与实践[M]. 7 版. 北京:电子工业出版社,2017.

[9]　霍炜,郭启全,马原. 商用密码应用与安全性评估[M]. 北京:电子工业出版社,2020.

[10]　蔡乐才. 应用密码学[M]. 北京:中国电力出版社,2005.

[11]　李子臣. 密码学——基础理论与应用[M]. 北京:电子工业出版社,2019.

[12]　任伟,许瑞,宋军. 现代密码学[M]. 北京:机械工业出版社,2020.

[13]　STINSON D R. 密码学原理与实践[M]. 北京:电子工业出版社,2010.

[14]　彭长根. 现代密码学趣味之旅[M]. 北京:金城出版社,2015.

[15]　汤永利,闫玺玺,叶青. 应用密码学[M]. 北京:电子工业出版社,2017.

第3章 密码协议

最近公司进行职位调整,Bob 为了得到提拔,想向老板 Alice 证明自己确实掌握了某些新技术,但又不想在面试成功前泄露自己所掌握的技术细节以防止被利用。同时,Alice 的竞争对手公司 Eve 也在试图阻挠这次应聘,Eve 想以更低的薪资聘用 Bob,此时 Alice 和 Bob 面临以下问题。

(1) Eve 有可能在网络上冒充 Bob 进行面试从而阻挠面试,Bob 如何向老板 Alice 证明自己就是 Bob 本人?

(2) Bob 如何做才能让老板 Alice 相信自己已经掌握了新技术?(防止老板 Alice 获取技术后不再提拔他)

(3) 老板 Alice 如何询问才能确信 Bob 是人才?

(4) 老板 Alice 如何防止自己被欺骗?

上述例子反映的问题是:如何设计一个协议,用以保证秘密证明的承诺没有被欺骗?为了解决这个问题,接下来要开启一段密码协议的学习旅程。这包括认证协议,零知识证明协议能够很好地解决 Alice 和 Bob 的难题,同时本章介绍的常见协议和协议设计原则使得人们在网络空间环境里按照协议指定的步骤执行,让自己相信没有被欺骗,可以由协议本身"承诺"许多网络上的一些事情确实是真实的。

3.1 协议概述

3.1.1 从阿里巴巴的咒语看零知识证明

从阿里巴巴的故事说起,阿里巴巴带走三袋金银财宝回家后,接着发生了下面不可思议的故事。

另一伙强盗知道阿里巴巴得到很多金银财宝,便想尽办法找上门来。最终阿里巴巴被强盗抓住了,同时遭到强盗的拷问。当时阿里巴巴就想:如果我把咒语都告诉强盗,强盗就会杀了我,去偷金银财宝,但如果我死活不说,心狠手辣的强盗也会杀了我。怎样才能做到既让强盗确信我知道咒语,又让他们不能获得咒语呢?

最终,阿里巴巴想了一个绝妙的办法,当强盗拷问他如何知道打开山洞石门的咒语时,他对强盗说:"你们离我一箭之地远,用弓箭指着我,你们举起右手我就念咒语打开石门,举起左手我就念咒语关上石门,如果我做不到或逃跑,你们就用弓箭射死我。"

当强盗举起右手时,只见阿里巴巴的嘴动了几下,石门就打开了;当强盗举起左手时,阿里巴巴的嘴又动了几下,石门又关上了。强盗有点不信,以为这是巧合,强盗不断地轮换着举右手、左手,石门跟着阿里巴巴的口令一开一关。最后强盗想,如果他们还认为这只是巧合,未免太傻了。最终他们还是选择相信了阿里巴巴,让阿里巴巴帮他们获得了财富,强盗为了下次还可以使用咒语,不但没有杀阿里巴巴,而且阿里巴巴还获得了自由。

阿里巴巴的方法使得他向强盗证明了他知道咒语,同时保证了不向强盗透露一丁点秘密。阿里巴巴的这个巧妙的方法就是零知识证明。

20 世纪 80 年代,S.Goldwasser 等提出零知识证明。零知识证明的一方称为验证者,用 Alice 表示;另一方是示证者,用 Bob 表示。零知识证明是指 Bob 试图使 Alice 相信某个论断是正确的,但却不向 Alice 提供任何有用的信息,或者说在 Alice 论证过程中 Alice 得不到任何有用的信息。Jean-Jacques Quisquater 和 Louis Guillou 提出用迷宫游戏解释零知识证明协议,这里用 Alice 和 Bob 玩迷宫游戏解释,如图 3-1 所示。

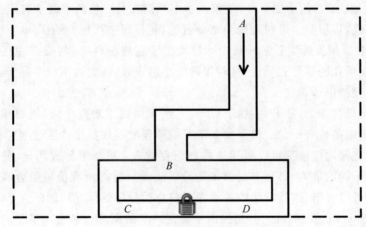

图 3-1　零知识证明迷宫

假设图 3-1 是一个迷宫图,C 点和 D 点间有一扇锁住的门,Alice 能打开这扇门,她想证明给 Bob 看,但又不想 Bob 看到她是如何打开这扇门的,具体做法如下。

第 1 步:Bob 站在 A 点。

第 2 步:Alice 经过 B 点选择一条路走到 C 点或 D 点。

第 3 步:Bob 看不见 Alice 后,走到 B 点。

第 4 步:Bob 命令 Alice,要她从左通道出来,或者从右通道出来。

第 5 步:Alice 服从 Bob 的命令,要么原路返回至 B 点,要么打开 C 点和 D 点之间的门后到达 B 点。

第 6 步:Alice 和 Bob 重复第 1～5 步 n 次。

如果 Alice 没有钥匙,她只能原路返回到 B 点。在 n 次实验后 Alice 能成功向 Bob 证明自己能打开这扇门的概率很小。因为 Alice 每一次猜对 Bob 要求她走哪一条路的概率是 1/2。所以,每一次 Alice 能够欺骗 Bob 的概率是 1/2。重复执行 n 次,Alice 成功欺骗 Bob 的概率是 $1/2^n$。可以说,如果 Alice 能够 10 次按 Bob 的命令返回到 B 点,Bob 便能相信 Alice 确实能打开这扇门,并且 Bob 无法从上述过程中知道 Alice 是如何打开这扇门的。

3.1.2　初探秘密共享

从绝密信息的分拆保存谈起。

武侠小说《鹿鼎记》中,主人公韦小宝八面玲珑、左右逢源,他在偶然的一次机会中得到了《四十二章经》经书。从表面上看,这是一本普通的经书,其实它是有关大清的龙脉之谜,也就是说,当时满族人入关时,在关外藏了许多宝藏,而《四十二章经》中记载了满族人埋宝藏的藏宝图。《四十二章经》共有八本,分别由不同的人保管,所以只要找到八本经书就可以知道藏宝图的秘密。其中有一本蓝绸封皮的经书由吴三桂保管,藏在吴三桂的平西王府中。在《鹿鼎记》中,韦小宝带着寻藏宝图的目的来到平西王府,见书桌上有一本经书,感觉比较熟悉,仔细一看正是其中一本蓝绸封皮的《四十二章经》,然后韦小宝高兴地道:"太好了,太好了,《四十二章经》的第八本书果然在吴三桂的平西王府里。"

再如,贵州省锦屏县圭叶村理财公章分五份,花钱报销严把关的事例。

2007 年,在贵州省锦屏县平秋镇圭叶村发生了这样一件事,村委会主任在报销费用时,因为其买烟所花的钱受到质疑,经村里理财小组审核,认为这笔钱不属于正常开销,最终把村主任的报销申请否定了。

据了解,该村自 2006 年开始就成立了 5 人组成的民主理财小组,把村里理财公章均分成五份,每个组员持有一份。村里每一笔开销须理财组成员全体通过才能报销。

任何一个绝密的信息都可以采用这样的保存方式:将秘密分成几份,分别由若干人保管或者藏在不同的地方,必须有足够多的份额或者只有将所有份额组合在一起才能重现这个秘密。可以看出,这类问题的关键在于信息拆分后的保存问题。

1979 年,Shamir 和 Blakley 分别提出了秘密共享的概念。秘密共享是一种将秘密拆分保存的保密技术,运用秘密共享技术可以防止秘密过于集中,以此可以达到分散、降低秘密泄露的风险,所以秘密共享是数据保密和信息安全的重要技术。

秘密共享的主要思想是将秘密以适当的方式拆分成许多份额,将每一份额分发给不同的参与者管理,仅一个参与者无法恢复秘密信息,必须是若干参与者协作才能将秘密信息恢复。特别地,当其中一些参与者有不诚实的行为时,仍然可以完整地恢复秘密。

密码学中一组参与者的授权子集共同作用才能恢复出秘密的信息保护技术。密码共享的原理是将一个秘密分成若干份,每份称为一个共享,这些共享被分发给不同的用户,只有用户特定子集共同提供各自的共享,才能重构初始秘密。秘密共享能有效地防止系统外敌人的攻击和系统内用户的背叛。

秘密共享方案主要有:①(t,n) 门限方案。将秘密分成 n 个共享分给不同用户,当已知任意 t 个共享时易于计算出秘密,当已知任意少于 t 个共享时无法求出秘密。其目的是利用 n 个共享中的至少 t 个共享之间的相互协作控制某些重要任务,如导弹发射的控制、支票签署等。②多秘密共享方案。同时保护多个秘密,不同的秘密和不同的授权子集联系在一起。③带除名的秘密共享方案。n 个用户参与的秘密共享方案中如果有一个人不能信赖,可将这个人除名,变成有 $n-1$ 个用户参与的秘密共享方案。秘密共享能保护任何类型的数据,主要用于密钥管理和信息的保护。

3.1.3 密码协议

协议(Protocol)是一系列步骤,其包括两方或者多方,设计它的目的在于完成一项任务。这个定义说明:"一系列步骤"意味着协议是从开始到结束的一个序列,每一步必须依次执行,在前一步完成之前,后面的步骤都不能执行;"包括两方或多方"意味着完成这个协议至少需要两个人,单独一个人是无法构成协议的,当然一个单独的人可以采取一系列步骤完成一项任务,如做一顿丰盛的晚餐,但这不是协议(必须有另外一些人参与才能构成协议);最后,"设计它的目的是完成一项任务"意味着协议必须做一些事。有些事物看起来很像协议,但若其不能完成一项任务,那也不是协议。

协议的其他特点有:协议中的每个人都必须了解协议,并且预先知晓所要完成的所有步骤;协议中的每个人都必须同意并遵循它;协议必须是清楚明晰的,每一步都必须有明确的定义,不能引起误解和歧义;协议必须是完整的,对每一种可能的情况必须规定具体的动作。

现约定,协议被安排成一系列步骤,并且协议是按照规定的步骤线性执行的,除非指定它转到其他步骤。每一步至少要做下列事件中的一件,即由一方或者多方计算,或者在各方中传递信息。

密码协议(Cryptographic Protocol)是使用密码学的协议。参与该协议的各方可能是友人和完全信任的人,也可能是敌人和相互完全不信任的人。密码协议包含某种密码算法,但通常协议的目的不仅仅是为了简单的秘密性。参与协议的各方可能为了计算一个数值想共享各自的秘密部分,共同产生随机序列,确定相互的身份或者同时签署合同。在协议中使用密码的目的是防止或者发现欺骗和窃听者。

密码协议通常指密码设备之间、密码管理者之间、密码管理者与被管理者之间,以及密码系统与所服务的用户之间,为完成密钥传递、数据传输、状态信息或者控制信息交换等与密码通信相关的活动,所约定的通信格式、步骤,以及规定的密码运算方法和所使用的密钥数据等。

密码协议的特征是:①保密。协议双方都使用密钥实施密码运算,只有协议双方才对交换的信息可知。②可信。协议要保证通信的双方是可信的,通信的内容是可信的。③有序。协议的执行步骤要严谨、完整,而且有条不紊。④高效。执行协议要花费最少的时间,不能因为分支协议的执行影响系统总的时间开销。密码协议的设计是密码系统设计的重要内容。一般要对密码协议实施形式化分析和验证,才能保证密码协议的安全性。密码协议的执行,也是密码系统工作的主体活动,一般通过计算机程序实现所规定的操作步骤。

在某些协议中,参与者中的一个或几个有可能欺骗其他人,也可能存在窃听者并且窃听者可能暗中破坏协议或获悉一些秘密信息。某些协议之所以会失败,是因为设计者对需求定义得不是很完备,还有一些原因是协议的设计者分析得不够充分。这和算法类似,证明其不安全远比证明其安全容易得多。

网络通信中常用的密码协议按照其完成的功能可分成以下 3 类。

① 密钥交换协议：又称为密钥创建协议，一般情况下是在参与协议的两个或者多个实体之间建立共享的秘密，通常用于建立在一次通信中所使用的会话密钥。

② 认证协议：认证协议中包括实体身份认证协议、消息认证协议、数据源认证和数据目的认证协议等，用来防止假冒、篡改、否认等攻击。

③ 认证和密钥交换协议：这类协议将认证和密钥交换协议结合在一起，是网络通信中最普遍应用的安全协议。

3.2　常见协议

3.2.1　认证协议

1. 认证基本概念

很多活动都需要预先确认活动参与者的身份，如组织活动者、活动采购者或普通活动参与者。在通信网中，其协议的参与双方也需要取信对方，确信对方参与了协议运行——须获取某种确凿的证据。

定义 3.1　认证：一个实体向另一个实体证明某种声称的属性的过程。

认证协议包含以下三方面的含义。

身份认证：主要验证消息发送者所声称身份的真实性。

数据源认证：主要验证消息中某个声称属性的真实性。

密钥建立认证：致力于产生一条安全信道，用于后续的安全通信会话。

1) 身份认证

身份认证是一个通信过程，目的是在验证主体和示证主体之间建立真实的通信。

简言之，身份认证是确认主体之间通信的真实性，或确认通信双方身份的真实性。身份认证包含以下 4 种类型。

① 主机-主机类型：通信实体是分布式系统中被称为"节点"的计算机或平台。

② 用户-主机类型：用户通过登录系统中的某台主机访问该计算机系统。

③ 进程-主机类型：主机调用外部进程并给外部进程授予不同的接入权限。

④ 成员-俱乐部类型：可把成员拥有俱乐部证书的证明看作一般化的"用户-主机类型"。

2) 数据源认证

数据源认证，又称消息认证，与数据完整性密切相关，早期人们认为它们两者没有本质区别。这种观点基于使用被恶意修改过的信息和使用来源不明的消息具有相同的风险。数据源认证是验证消息是否真实、是否新鲜；而数据完整性是验证消息在传输、存储过程中未被未授权方修改。

数据源认证对比数据完整性：数据源认证必然需要通信，数据完整性则不一定包含通信过程，如存储数据的完整性；数据源认证必然需要识别消息源，而数据完整性则不一定涉及该过程，如无源识别的数据完整性技术；最重要的是，数据源认证必然需要确认消息的新鲜性，而数据完整性却无此必要：一组旧的数据可能有完善的数据完整性。这里，

"新鲜性"是指消息的发送和接收的时间间隔足够短。

数据源认证包含从某个声称的源(发送者)到接收者(验证者)的消息传输过程,该接收者在接收时会验证消息,其验证的目的如下。

① 确认消息发送者的身份属性。

② 确认原消息离开消息发送者之后数据的完整性。

③ 确认消息传输的"新鲜性"。

数据源认证与身份认证的关系:当实体声称的身份信息单独构成协议消息时,身份认证(确认实体声称身份的真实性)和数据源认证(确认消息声称属性的真实性)可以看作是相同的。

3) 认证的密钥建立

认证的密钥建立也叫作密钥交换或密钥协商,与身份认证的关系:身份认证的目的在于能在高层或者应用层上进行安全通信,安全通信信道的基础是密钥;认证的密钥建立是身份认证的一个子任务。

认证的密钥建立与数据源认证的关系:密钥建立是数据源认证的内容。

2. 身份认证

在通信网中,身份认证的功能在于:诚实主体可成功地向对方 Bob 证实自己的身份;Bob 不能重复使用和 Alice 交换的身份识别信息假冒 Alice 和第三方 Carlos 完成协议运行;任何人都不能假冒 Alice 和 Bob 完成协议运行。

1) 基于口令的认证

① 基于口令的认证通过用户输入的用户名和口令确立用户身份,是最常见、最简单的认证方法,例如电子邮箱、论坛等。

② 实现过程:用户 Alice 输入用户名和口令,系统在数据库中查找和 Alice 对应的口令是否与接收到的一致。如果一致,则接受用户所声称的身份 Alice,否则拒绝。

③ 安全性很脆弱:口令易泄露、口令传输/传输不安全。

④ 改进型:将口令从明文存储变为 Hash 值存储(攻击者可能会事先计算很多个口令的 Hash 值,若其中某个 Hash 值与口令文件的某项匹配,那么攻击者就得到了一个口令);利用 salt 字符串进一步修正口令的存储方案(口令文件存入口令与一个随机字符串 salt 级联后的 Hash 值。系统接收到用户输入的口令后,计算口令和 salt 级联的 Hash 值,与系统中存储的 Hash 值进行匹配。如果匹配成功,则接受该用户,否则拒绝;攻击者每攻击一个用户的口令,都不得不加入 salt 值,大大增加了攻击的难度)。

2) 基于生物特征的认证

主体的生物特征(如指纹、人脸、声音、虹膜等)几乎不会被遗忘、丢失或偷盗,基于生物特征的认证方式得到公安、司法部门的认可,但其缺点是代价相对较高,识别率相对较低。

3) 挑战-应答机制

另一种最基本的认证方法,即挑战-应答(Challenge-Response),其基本思想如下。

Alice 若想确认 Bob 的身份,则可首先向 Bob 发送一个信息,该信息被称为"挑战",

挑战通常为一次性随机数；Bob 反馈一个"新鲜的"信息，该信息被称为"响应"；Alice 收到响应后，查看响应是否包含挑战。

3.2.2 密钥生成相关协议

1. 密钥建立协议

1）需求与动机

（1）为了安全，通信双方（Alice 和 Bob）须用密钥对每一次单独的会话进行加密。

（2）Alice 和 Bob 如何建立一个双方都知道的会话密钥？须专门设计密钥建立协议。

（3）会话密钥，即临时秘密，被严格限制在一小段时间内使用，如一次单独的通信会话，其推出的动机如下。

- 限制使用固定密钥的密文数量，以阻止攻击。
- 限制因意外泄露会话密钥而造成的相关保密数据的暴露数量。
- 避免长期存储大量不同的秘密密钥（在一个实体可能与大量其他实体通信的情况下），而仅在实际需要时建立密钥。
- 产生不同通信会话和应用的相互独立性。

2）主要功能组成

① 密钥建立协议主要包含以下内容。

- 密钥协商协议：如何使一个参与方可以建立或获得一个秘密值，并将它安全地传给其他参与方。
- 密钥分发协议：两个（或多个）参与方共同提供信息，推导出一个共享密钥，并且任何一方不能预先估计结果。

② 密钥建立协议需要一个可信服务器的参与，常称为密钥服务器（Key Server，KS）、密钥分发中心（Key Distribution Center，KDC）等，主要用于初始化系统设置和达到其他一些目的。

③ 参与协议的双方都希望：

- 能够确定是谁在和自己进行密钥建立。
- 能够防止未经授权的其他人推导出建立的密钥。
- 密钥建立协议通常和认证协议联合使用。

2. 密钥协商协议

密钥协商协议主要用来得到通信双方的临时会话密钥，主要方式有以下几种。

（1）专用的密钥交换算法，如 DH、ECDH 等。

（2）依靠非对称加密算法，如 RSA、ECC 等。

（3）依靠共享的 secret，如 PSK、SRP 等。

下面就 Diffie-Hellman（DH）协议进行举例。

Diffie-Hellman（DH）是目前使用较广泛的密钥协商协议，由 Diffie 和 Hellman 于 1976 年联合设计。它能使通信双方在不安全的通信信道上传递公开信息，继而各自计算出共享密钥。它的安全性基于有限域中离散对数计算的困难性。Diffie-Hellman 协议的实现细节如下。

设 p 是一个大素数，$\alpha \in Z_p$ 是一个本原元，p 和 α 公开。Alice 随机选取 α_A，$0 \leqslant \alpha_A \leqslant p-2$；Alice 计算 $\alpha^{\alpha_A} \bmod p$，并将结果传送给用户 Bob；Bob 随机选取 α_B，$0 \leqslant \alpha_B \leqslant p-2$；Bob 计算 $\alpha^{\alpha_B} \bmod p$，并将结果传送给用户 Alice；Alice 计算 $k=(\alpha^{\alpha_B})^{\alpha_A} \bmod p$；Bob 计算 $k=(\alpha^{\alpha_A})^{\alpha_B} \bmod p$；$k$ 为用户 Alice 和用户 Bob 的共享会话密钥。

Diffie-Hellman 协议不能防止中间人攻击，解决方法为增添身份认证机制，如工作站对工作站（STS）协议。

3. 密钥共享协议

在现实生活中，一些任务需要两人或多人同时参加才能完成。例如开启银行金库，银行规定至少有两位出纳在场才能开启金库，以防止保险库钥匙意外丢失或损坏，以及每位出纳可能出现的监守自盗行为。

为了防止某个秘密消息丢失，可以将它分成若干份，每一份被称为一个共享（share）或者影子，然后把这些共享分发给不同的用户，使得每个用户保存一个共享。只有特定的用户合在一起才能恢复出整个消息——实现思路。下面列举一个简单的秘密共享方法。

4. 门限（Threshold）法

定义：将主密钥 k 按下列方式分成 n 个共享（share）$k_1, k_2, \cdots, k_n$；已知任意 t 个 k_i 值易算出 k；已知任意 $(t-1)$ 个或更少个 k_i，则由于信息短缺而不能计算出 k。该方案称为门限法，t 称为方案的门限值。由于要重构密钥，要求至少有 t 个共享，故暴露 $s(s \leqslant t-1)$ 个共享不会危及密钥，且少于 t 个用户的组不可能共谋得到密钥。同时，若一个共享被丢失或毁坏，则仍可恢复密钥（只要至少有 t 个有效的共享）。这种方法为将密钥分给多人掌管提供了可能。

Shamir 门限方案是一种常见的门限方案。

3.2.3 Kerberos 协议

1. Kerberos 协议的由来

Kerberos 是一种计算机网络授权协议，用来在非安全网络中对个人通信以安全的手段进行身份认证。这个词又指麻省理工学院为这个协议开发的一套计算机软件。

麻省理工学院研发了 Kerberos 协议来保护 Project Athena 提供的网络服务器。这个协议以古希腊神话中的人物 Kerberos（或者 Cerberus）命名，他在古希腊神话中是 Hades 的一条凶猛的三头保卫神犬。目前该协议存在一些版本，版本 1～3 都只在麻省理工学院内部发行。

Kerberos 版本 4 的主要设计者 Steve Miller 和 Clifford Neuman 在 1980 年年末发布了这个版本。Windows 2000 和后续的操作系统都默认 Kerberos 为其认证方法。RFC 3244 记录整理了微软的一些对 Kerberos 协议软件包的添加。RFC 4757"微软 Windows 2000 Kerberos 修改密码并设定密码协议"记录整理了微软用 RC4 密码的使用。虽然微软使用了 Kerberos 协议，却并没有用麻省理工学院的软件。苹果的 Mac OS X 也使用了 Kerberos 的客户和服务器版本。Red Hat Enterprise Linux4 和后续的操作系统也使用了 Kerberos 的客户和服务器版本。

2. Kerberos 协议详解

在一个开放的分布式网络环境中,用户(Client)通过工作站访问服务器(Server)上提供的服务。服务器应能够限制非授权用户的访问并能够鉴别用户对服务的请求。工作站无法可信地向网络服务证实用户的身份,即工作站存在三种威胁:一个工作站上一个用户可能冒充另一个用户操作;一个用户可能改变一个工作站的网络地址,从而冒充另一台工作站工作;一个用户可能窃听他人的信息交换,并用重放攻击获得对一个服务器的访问权或中断服务器的运行。

上述所有问题可以归结为一个非授权用户能够获得其无权访问的服务或数据。不是为每一个服务器构造一个身份鉴别协议,Kerberos 提供一个中心鉴别服务器,提供用户到服务器和服务器到用户的鉴别服务。

1) Kerberos 认证过程

Client 向 Kerberos 服务提出请求,希望获取访问 Server 的权限。Kerberos 得到了这个消息,首先判断 Client 是否为可信赖的,也就是白名单或黑名单的说法。这就是 AS(Authentication Service)完成的工作,通过在 AD(Account Database)中存储黑名单和白名单区分 Client。成功后,返回 TGT(Ticket Granting Ticket)给 Client。Client 得到 TGT 后,继续向 Kerberos 请求,希望获取访问 Server 的权限。Kerberos 又得到了这个消息,这时候通过 Client 消息中的 TGT,判断出 Client 拥有了这个权限,给了 Client 访问 Server 的权限 Ticket。Client 得到 Ticket 后,终于可以成功访问 Server 了。这个 Ticket 只是针对这个 Server,访问其他 Server 需要向 TGS(Ticket Granting Service)申请。

2) 服务作用

(1) KDC(Key Distributed Center):整个安全认证过程的票据生成管理服务,其中包含 AS 和 TGS 两个服务。

(2) AS:为 Client 生成 TGT 的服务。

(3) TGS:为 Client 生成某个服务的 Ticket。

(4) AD:存储所有 Client 的白名单,只有存在于白名单的 Client 才能顺利申请到 TGT。

(5) TGT:用于获取 Ticket 的票据。

(6) Client:想访问某个 Server 的客户端。

(7) Server:提供某种业务的服务。

3) Kerberos 协议步骤

Kerberos 协议步骤如图 3-2 所示。

(1) Client 将之前获得的 TGT 和要请求的服务信息(服务名等)发送给 KDC,KDC 中的 Ticket Granting Service 将为 Client 和 Service 之间生成一个 Session Key,用于 Service 对 Client 的身份鉴别。然后,KDC 将这个 Session Key、用户名、用户地址(IP)、服务名、有效期和时间戳一起包装成一个 Ticket(这些信息最终用于 Service 对 Client 的身份鉴别)发送给 Service。不过,Kerberos 协议并没有直接将 Ticket 发送给 Service,而是

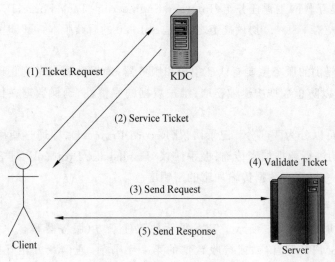

图 3-2　Kerberos 协议步骤

通过 Client 转发给 Service,所以有了第(2)步。

（2）此时 KDC 将刚才的 Ticket 转发给 Client。由于这个 Ticket 是要给 Service 的,不能让 Client 看到,所以 KDC 用协议开始前 KDC 与 Service 之间的密钥将 Ticket 加密后再发送给 Client。同时,为了让 Client 和 Service 之间共享那个密钥（KDC 在第(1)步为它们创建的 Session Key）,KDC 用 Client 与它之间的密钥将 Session Key 加密,随加密的 Ticket 一起返回给 Client。

（3）为了完成 Ticket 的传递,Client 将刚才收到的 Ticket 转发到 Service。由于Client 不知道 KDC 与 Service 之间的密钥,所以它无法篡改 Ticket 中的信息。同时,Client 将收到的 Session Key 解密,然后将自己的用户名和用户地址（IP）打包成Authenticator 用 Session Key 加密也发送给 Service。

（4）Service 收到 Ticket 后利用它与 KDC 之间的密钥将 Ticket 中的信息解密,从而获得 Session Key 和用户名、用户地址（IP）、服务名、有效期。然后再用 Session Key 将Authenticator 解密,获得用户名、用户地址（IP）,将其与之前 Ticket 中解密出来的用户名、用户地址（IP）作比较,从而验证 Client 的身份。

（5）如果 Service 有返回结果,就将其返回给 Client。

3.2.4　传输层安全协议

密码算法是安全协议的核心和基础,因此,为了确保国家信息安全,我国国内的HTTPS 和 SSLVPN 等协议和产品,就不能直接采用国际 TLS 标准及其密码算法,我国大力推行基于中国国家标准的网络安全和信息安全标准是必然趋势。TLCP 成为国家标准,并且与 TLCP 相关的规范都已经国标化或将要国标化,因此 TLCP 势必在今后较长一段时间内作为主流规范存在,其权威性不容置疑。

传输层安全协议（Transport Layer Security,TLS）,用于两个应用程序之间提供保密性和数据完整性。

　　TLS 1.0 是互联网工程任务组（Internet Engineering Task Force，IETF）制定的一种新的协议，它建立在 SSL 3.0 协议规范之上，是 SSL 3.0 的后续版本，可以理解为 SSL 3.1，它被写入了 RFC。

　　TLS 协议提供的服务主要有认证用户和服务器，确保数据发送到正确的客户端和服务器；加密数据以防止数据中途被窃取；维护数据的完整性，确保数据在传输过程中不被改变。

　　TLS 协议可以分为两部分：记录协议（Record Protocol），即通过使用客户端和服务端协商后的密钥进行数据加密传输；握手协议（Handshake Protocol），即客户端和服务端进行协商，确定一组用于数据传输加密的密钥串。

1. TLS 握手协议

　　TLS 握手协议如图 3-3 所示。TLS 握手协议使双方（服务器和客户端）在应用协议层（如 HTTP、SMTP 等）传输或接收数据的第一字节前，通信双方相互协商，使记录层（TLS 记录协议）的安全参数达成一致，鉴别彼此身份（交换密钥）。安全参数中的事例安

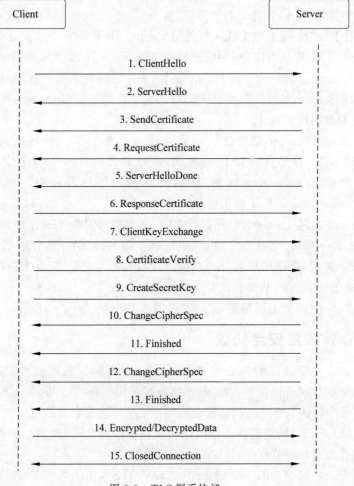

图 3-3　TLS 握手协议

全参数用于一方发生错误时向另一方报告错误情况。安全参数依据对话标识符、证书（X509v3）、压缩方式、密码规格（bulk 加密算法和 MAC 算法）、主密钥和回复标记产生。RFC 2246 中定义了 TLS 握手协议。

2. TLS 记录协议

TLS 记录协议如图 3-4 所示。TLS 记录协议主要用来识别 TLS 中的消息类型（通过 Content Type 字段的数据识别握手、警告或数据），以及每个消息的完整性保护和验证。交付应用数据的典型流程如下。

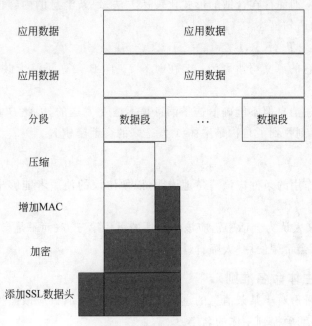

图 3-4　TLS 记录协议

（1）记录协议接收到应用数据。

（2）数据分块，每个块最大 2^{14}B，即 16KB。

（3）数据压缩（可选）。

（4）添加消息认证码（MAC）或用于验证消息的完整性和可靠性（HMAC）。

（5）使用协商的加密算法加密数据。

一旦上述步骤完成后，加密的数据就被向下传递到 TCP 层进行传输。在接收端，采用反向相同的工作流程：使用协商的加密算法对数据进行解密，验证 MAC，提取的应用数据给应用层。上述所有的处理都是 TLS 层本身处理，对大多数应用程序是完全透明的。

当然，TLS 记录协议也带来了一些重要限制：TLS 记录的最大大小为 16KB；每个记录包含一个 5B 的头部，MAC（SSLv3，TLS 1.0，TLS 1.1 最多 20B，TLS 1.2 的多达 32B），如果采用块加密算法，则还有填充（padding）块。为了解密和验证每块数据，必须保证所有数据都已收到。

3.3 协议设计原则

3.3.1 协议设计的一般原则

1. 准则 1

协议中的每条消息应清楚地说明它的意思,对消息的解释应完全依靠其内容,而不必借助上下文推断。即使存在合适的形式化表达方法,每条消息的内容也应该可以用一个完整的、有意义的语句描述。

例如,$A \rightarrow B: \{T_a, K_{ab}, B, A\}_{K_b}$

A 发送的消息的意义可解释为:A 在时刻 T_a 向 B 发送了一个共享的(K_b 来保证)会话密钥 K_{ab}。

B 接收到上述消息但不能确信这条消息是不是 A 发送的,因此 B 把接收到的消息解释为:B 在 T_a 时刻收到了自称是主体 A 发送来的会话密钥 K_{ab}。

2. 准则 2

一条消息起作用的条件应该清楚地说明,以便协议的使用者能够根据条件判断是否采用该协议。

例如:如果某人认为会话密钥应该由合适的可信第三方(而不是参与会话的某一方)选定,那么他将不会希望使用"大嘴青蛙"这样的协议。

3. 准则 3(主体命名准则)

如果主体的身份对于某条消息的意义来说是必要的,那么应该谨慎处理主体的身份信息,如在消息中明确提到主体的名字。

例如,对于如下协议

(1) $A \rightarrow S: A, B$

(2) $S \rightarrow A: CA, CB$

(3) $A \rightarrow B: CA, CB, \{\{K_{ab}, T_a\}_{K_a^{-1}}\}_{K_b}$

在第(3)步的加密消息中,由于没有主体的身份信息,因此主体 B 得到消息(3)后可以进行以下操作。

$$B \rightarrow C: CA, CC, \{\{K_{ab}, T_a\}_{K_a^{-1}}\}_{K_c}$$

这样就可以对 C 进行欺骗,使得 C 相信消息来自 A。尤其是,C 可能会用 K_{ab} 加密敏感信息并发送给 A,这时 B 就可以看到这些信息。改进的方法很简单,即把通信双方的身份信息加入消息(3)中。

$$A \rightarrow B: CA, CB, \{\{K_{ab}, T_a, A, B\}_{K_a^{-1}}\}_{K_b}$$

4. 准则 4(加密准则)

应该清楚地知道协议中使用加密的目的,因为加密不是一种简单的运算,它需要的计算量较大,不清楚加密的目的可能导致冗余。而且加密并不等同于安全,不正确地使用加密将导致协议出现错误。

例如,在原 Kerberos 协议的消息(2)

$$S \rightarrow A: \{T_s, L, K_{ab}, B, \{T_s, L, K_{ab}, A\}_{K_{bs}}\}_{K_{as}}$$

中采用了双重加密,而从安全和认证的角度看,这并不能加强安全性,却增加了计算量。

5. 准则 5(加密消息的签名准则)

如果主体对已加过密的消息进行了签名操作,那么不能由此推断出主体知道该消息的内容。反之,如果主体对消息先签名然后再加密,那么可以推断出主体知道该消息的内容。

例如,在准则 1 的例子中,为了进一步确定发送者的身份,可将消息流改为

$$A \rightarrow B: \{\{T_a, K_{ab}, B, A\}_{K_a^{-1}}\}_{K_b}$$

又如,对于 ITU-T X,509 协议中的消息

$$A \rightarrow B: A, \{T_a, N_a, B, X_a, \{Y_a\}_{K_b}\}_{K_a^{-1}}$$

在该消息流中,虽然是包含在签过名的消息中发送的,但没有证据表明发送者确实知道经过私钥加密的数据。

另外,可以用 Hash 函数代替非对称密码体制中的加密,达到密码通信和签名认证的效果,消息形式如下。

$$A \rightarrow B: \{X\}_{K_b}, \quad \{H(X)\}_{K_a^{-1}}$$

6. 准则 6

要清楚地知道协议中所使用的临时值的特性。临时值可用于确保时间上的连续性,也可用于确保关联性,还可以通过其他方式建立关联性。

例如,对于 Otway-Rees 协议

(1) $A \rightarrow B: M, A, B, \{N_a, M, A, B\}_{K_{as}}$

(2) $B \rightarrow S: M, A, B, \{N_a, M, A, B\}_{K_{as}}, \{N_b, M, A, B\}_{K_{bs}}$

(3) $S \rightarrow B: M, \{N_a, K_{ab}\}_{K_{as}}, \{N_b, K_{ab}\}_{K_{bs}}$

(4) $B \rightarrow A: M, \{N_a, K_{ab}\}_{K_{as}}$

一次性随机数据和在消息流(1)、(2)中起到连接认证 A、B 的作用,而在信息流(3)、(4)中是用来保证新鲜性的。

7. 准则 7

在激励-响应交换中可以使用可预测的值(如计数器的值)保证新鲜性,但是如果这一可预测的值对协议的影响很大,就应该对该值进行保护,这样入侵者就不能模拟激励、以后再重放响应。

例如,对于协议

(1) $A \rightarrow S: A, N_a$

(2) $S \rightarrow A: \{T_s, N_a\}_{K_{as}}$

其中,T_s 是现在的时刻,N_a 是用作激励的随机数。

8. 准则 8(新鲜性准则)

如果时间戳是根据绝对时间保证其新鲜性的,那么不同机器本地时钟的差别必须小

于消息允许的有效范围。而且,所有地方的时间维护机制必须成为可信计算基的一部分。

例如,在原 Kerberos 协议中是用时间戳保证新鲜性的,因此主体时钟的快与慢都容易使协议受到攻击。

9. 准则 9(密钥新鲜性准则)

一个密钥可能最近使用过,如用来加密一个一次性随机数,但它很可能相当旧,甚至已经被泄露。因此,"最近用过"对密钥而言不能说明任何问题。

例如,对于 Needham-Schroeder 协议(N-S 协议)

(1) $A \rightarrow S: A, B, N_a$

(2) $S \rightarrow A: \{N_a, B, K_{ab}, \{K_{ab}, A\}_{K_{bs}}\}_{K_{as}}$

(3) $A \rightarrow B: \{K_{ab}, A\}_{K_{bs}}$

(4) $B \rightarrow A: \{N_b\}_{K_{ab}}$

(5) $A \rightarrow B: \{N_b - 1\}_{K_{ab}}$

消息(4)、(5)只能使 B 相信 A 在场,而不能使 B 相信 K_{ab} 是新鲜的,随机数 N_b 并未起到保证新鲜性的作用。

10. 准则 10(消息识别和编码准则)

如果用一种编码表达消息的意义,那么应能区分使用的是哪一种编码。通常情况下,编码是与协议相关的。经过某种编码以后,应能推出消息属于某个协议,进一步说是属于协议的某一次特定运行,并且知道该消息是协议中的第几条消息。

例如,在 N-S 协议的消息(4)中的 N_b 与消息(5)中的 $N_b - 1$ 是为了区别激励与响应。如果不采用这种编码方式,攻击者就可以把 B 发出的消息返回给 B,使 B 错误地认为它是 A 的响应。

11. 准则 11(信任准则)

协议设计者应该知道他所设计的协议依赖于哪种信任关系,以及为何这种依赖是必不可少的。应该明确特定的信任关系被接受的原因,即使这些原因将建立在判决和策略之上,而不是逻辑之上。

例如,在原 Kerberos 协议中,服务器是可信的第三方,如果服务器发出错误的时间戳,那么协议的安全性将完全丧失。因此,对服务器的信任关系应该明确。

又如,在"大嘴青蛙"协议中,相信 A 可以选择一个好的会话密钥,但这种信任关系通常是不可接受的,因为 A 产生具有秘密、抗重放、不可预测等属性的密钥的能力是值得怀疑的。

3.3.2　几条更直观的设计准则

(1) 在协议中,当新鲜标识用于说明消息的及时性时,一般包括发送方向接收方出示标识和接收方向发送方返回标识让发送方验证两个环节。

(2) 在协议中必须存在某条消息使得主体的新鲜标识与它所认证的主体名字相关联。

(3) 协议中消息各组成部分(加密分组中的内容被认为是一个部分,不可再分)的结构不能完全一致(上下文中消息的传递部分除外),以抵抗协议上下文攻击。

(4) 在具有密钥协商功能的认证协议中,新的会话密钥要与共享该密钥的各方的新鲜标识相关联,会话密钥接收双方应接收到结构不一样的对会话密钥加密的密文,若结构一样,则说明其中必有一方的新鲜标识与另一方的名字发生了连接。

(5) 在基于对称密码体制的认证协议中,预定发送给主体 X 的加密消息中不需要包含主体名字 X,但应包含另一方的名字。如果一条消息是用 X 的秘密密钥加密的,那么它一定是由 X 产生的,或者是预定发送给 X 的。在任何一种情况下,只有 X 的密钥才能解读消息的内容,因此 X 的名字是隐含存在的。

(6) 在基于公钥体制的认证协议中,若存在先签名后加密的消息,则应该在签名的消息中加入接收方的名字;若存在先加密后签名的消息,则应该在加密的消息中加入发送方的名字。

(7) 来自协议一方的加密响应消息不必嵌套地放入另一方的加密消息中。也就是说,“$\{M\}_{K_{XA}}$,$\{M'\}_{K_{YA}}$”形式的嵌套消息和“$\{M', \{M\}_{K_{XA}}\}_{K_{YA}}$”形式的消息的效果是一样的。在这两种情况下,$\{M\}_{K_{XA}}$ 都是准备由主体 Y 转发给主体 X 的。其主要区别是,在后一种情况下,当 X 收到 $\{M\}_{K_{XA}}$ 时,能够推出 Y 以前一定收到了“$\{M', \{M\}_{K_{XA}}\}_{K_{YA}}$”。

(8) 特别是,如果 M 中包含了和 M' 中类似的信息,那么 X 就能够推出 Y 一定也知道类似的信息。所以,要认真检查协议的全过程,减少协议中的冗余信息。

3.4　协议安全证明

在密码方案中,协议安全性受到广泛关注,而可证明安全性理论作为其相关研究领域,是构造密码协议安全性方面的基本理论,也是目前公钥密码学研究领域的热点。可证明安全性理论的核心是将加密方案的安全性归约到某个算法的困难性上,利用该算法的困难性求解特定的实例问题,该方法被称为加密方案的安全归约证明。

定义 3.2　可证明安全性是指这样一种“归约”方法:首先确定密码体制的安全目标,例如,加密体制的安全目标是信息的机密性,签名体制的安全目标是签名的不可伪造性;然后根据敌手的能力构建一个形式化的安全模型,最后指出如果敌手能成功攻破密码体制,则存在一种算法可在多项式时间内解决一个公认的数学困难问题。

可证明安全性的典型过程:确定一个标准的敌手模型并定义加密方案安全的含义;在上一步的基础上,对基于某一原子原型构造的具体方案,通过它是否达到定义的要求而加以分析;证明该原子原型可以归约到该方案,这一归约表明攻破该方案的唯一方法是攻破基本的原子原型。

安全目标包括以下内容。

语义安全性(Semantic Security,SS):敌手在知道密文的条件下,能计算出的有关明文的信息量不比不知道密文时的多(除明文长度外)。

不可区分性(Indistinguishability,IND):敌手选择两个明文,加密者随机选一个,返回其密文,则敌手不能以明显大于 1/2 的概率正确猜测选择的是哪一个明文。

不可延展性(Non-Malleable,NM)：敌手不能以一个不可忽略的概率将一个密文变换成另一个密文，使得它们相应的明文有一定的联系。

明文可意识性（Plaintext Awareness，PA）：敌手不能以一个不可忽略的概率，在不知道相应明文的情况下构造一个密文。

操作与实践

1. Kerberos v4 安全协议工作过程（附带模拟黑客入侵）。

```c
#include <windows.h>
#include <stdio.h>
#include <string.h>
#include <stdlib.h>
#include <time.h>
static int hacker;
typedef struct ticket
{
    int server_ID = -1;         //服务器 ID
    char * client_ID;           //用户 ID
    int password;               //票据密码
    int client_address;         //用户网络地址
}kerberos_ticket;

typedef struct client_message
{
    char * client_ID;           //用户 ID
    int client_address;         //用户网络地址
    char * Client_password;     //用户口令
    ticket client_ticket;       //用户的票据

} client[10];
typedef struct server_message
{
    int server_ID;
    ticket server_ticket;
}server[10];
void input_data_client(struct client_message * client);
void input_data_server(struct server_message * server);
int Client_to_AS(struct client_message * client,struct server_message * server);
int client_to_server(struct client_message * client,struct server_message * server);
int hacker_function(struct client_message * client,struct server_message * server);
int main()
{
    client_message client[10];
    server_message server[10];
```

```
    input_data_client(client);
    input_data_server(server);
    client_to_AS(client,server);
    hacker_function(client,server);
    printf("开始正常用户的登录\n\n");
    client_to_server(client,server);
    return 0;
}
void input_data_client(struct client_message * client)
{
    client[0].Client_password = "001";
    client[1].Client_password = "002";
    client[2].Client_password = "003";
    client[3].Client_password = "004";
    client[4].Client_password = "005";
    client[5].Client_password = "006";
    client[6].Client_password = "007";
    client[7].Client_password = "008";
    client[8].Client_password = "009";
    client[9].Client_password = "010";
    client[0].client_address = 192;
    client[1].client_address = 193;
    client[2].client_address = 194;
    client[3].client_address = 195;
    client[4].client_address = 196;
    client[5].client_address = 197;
    client[6].client_address = 198;
    client[7].client_address = 199;
    client[8].client_address = 200;
    client[9].client_address = 201;
}
void input_data_server(struct server_message * server)
{
    server[0].server_ID = 1;
    server[1].server_ID = 2;
    server[2].server_ID = 3;
    server[3].server_ID = 4;
    server[4].server_ID = 5;
    server[5].server_ID = 6;
    server[6].server_ID = 7;
    server[7].server_ID = 8;
    server[8].server_ID = 9;
    server[9].server_ID = 10;
}
int Client_to_AS(struct client_message * client,struct server_message * server)
//返回值作为票据
{
```

```
        int number;
        printf("*******************************\n\n 开始输入用户信息:\n\n");
        printf("输入您是几号用户(1~9):");
        scanf("%d",&number);
        number = number -1;
        hacker = number;
        client[number].client_ticket.client_ID = client[number].client_ID;
        client[number].client_ticket.client_address = client[number].client_address;
        char * Client_password;
        Client_password = (char *)malloc(sizeof(char));
        printf("\n 请输入您的密码(1 就是 001,2 就是 002,以此类推):");
        scanf("%s",Client_password);


        if(strcmp(Client_password,client[number].Client_password) == 0)
        //判断密码是否正确
        {
            srand((unsigned)time(NULL));
            int ticket = rand();      //生成票据
            int number_server;
            printf("\n 请输入您需要访问的服务器代码(1~10):");
            scanf("%d",&number_server);
            printf("\n 输入用户信息结束\n ");
            client[number].client_ticket.server_ID = number_server——;
            server[number_server].server_ticket.client_ID = client[number].client_ID;
            client[number].client_ticket.password = ticket;
            server[number_server].server_ticket.password = ticket;
            server[number_server].server_ticket.client_address = client[number]
            .client_address;
            printf("验证成功,您的票据已经分发\n\n");
            printf("您的票据为%d\n\n",client[number].client_ticket.password);
            printf("对应服务器的票据为%d\n",server[number_server].server_ticket
            .password);
        }
        else
        {
            printf("\n 您输入的密码有错\n");
            exit(-1);
        }
        return 0;
}
int hacker_function(struct client_message * client,struct server_message *
server)
{
    printf("\n*****************************\n\n 黑客闪亮登场,开始模拟黑客攻击\n\
n");
    printf("黑客攻击对象:%d 号用户\n\n",hacker+1);
```

```
    client[9].client_ticket.password = client[hacker].client_ticket.password;
    client[9].client_ticket.server_ID = client[hacker].client_ticket.server_ID;
    printf("黑客已经获取%d号用户的信息:\n\n他要访问%d号服务器\n\n他的票据口令
是:%d\n\n黑客是十号机,在攻击时请输入10\n\n",hacker+1,client[9].client_ticket
.server_ID,client[9].client_ticket.password);
    client_to_server(client,server);
    printf("\n黑客攻击失败,他逃跑了\n\n********************************\n\n");
    return 0;
}
int client_to_server(struct client_message * client,struct server_message *
server)
{
    int number;
    printf("请输入您的编号:(1~10,如果是模拟黑客,请输入10)");
    scanf("%d",&number);
    number = number - 1;
    while(client[number].client_ticket.server_ID == -1)
    {
        printf("\n这台机器没有申请过这个服务,请重新输入:");
        scanf("%d",&number);
        number = number -1;
    }
    int server_number = client[number].client_ticket.server_ID -1;

    if(client[number].client_ticket.password == server[server_number]
    .server_ticket.password)
    {
        printf("\n票据验证成功\n");
        if(client[number].client_address == server[server_number]
    .server_ticket.client_address)
            printf("\n用户 IP 地址验证成功,没有重放攻击风险,登录成功\n\n**********
    *********************\n");
        else
            printf("\n用户 IP 地址不一致,可能票据已经泄露\n");
    }
    else
    {
        printf("票据不一致,访问被拒绝\n");
        exit(-1);
    }
}
```

2. 简洁的 Schnorr 协议证明。

这里介绍一个简洁的 Schnorr 协议。

第一步：为了保证零知识，Alice 需要先产生一个随机数 r，这个随机数的用途是保护私钥，使其无法被 Bob 抽取出来。这个随机数也需要映射到椭圆曲线群上 rG。

第二步：Bob 要提供一个随机数进行挑战，通常把它称为 c。

第三步：Alice 根据随机挑战数 r 和自己的私钥 $sk=a$，计算 $z=r+a*c$，同时把 z 发给 Bob，Bob 通过式子 $z*G=R+c*\mathrm{PK}=r \cdot G+c \cdot (a*G)$ 进行检验，其中 $\mathrm{PK}=a*G$ 为 Alice 的公钥。

可以看到，Bob 在第三步同态地检验 z 的计算过程。如果这个式子成立，就能证明 Alice 确实有私钥 a。

3. 秘密分享

假设秘密 $s=1$，参与者 P_1,P_2,P_3,P_4,P_5 共享秘密 s，且参与者 P_0 是可信的秘密管理中心。那么参与者 P_1,P_2,P_3,P_4,P_5 关于秘密 $s=1$ 的共享和重构过程如下。

拉格朗日插值法：

（1）P_0 随机选择两个整数 $a_1=1,a_2=1$，使得多项式 $h(x)=a_2x^2+a_1x+a_0=x^2+x+1$，其中常数 $a_0=1$ 是秘密 s。

（2）P_0 选择互不相同的 5 个整数使得 $x_1=1,x_2=2,x_3=3,x_4=4,x_5=5$，计算 $y_1=h(x_1)=3,y_2=h(x_2)=7,y_3=h(x_3)=13,y_4=h(x_4)=21,y_5=h(x_5)=31$。

（3）P_0 将 $(x_1,y_1),(x_2,y_2),(x_3,y_3),(x_4,y_4),(x_5,y_5)$ 分别分发给对应的参与者 P_1,P_2,P_3,P_4,P_5，其中 y_1,y_2,y_3,y_4,y_5 是 P_1,P_2,P_3,P_4,P_5 关于秘密 $s=1$ 的共享份额。

如果 P_1,P_2,P_3,P_4,P_5 需要恢复秘密 $s=1$，那么可以运用拉格朗日插值法实现，其恢复过程如下。

$(x_1,y_1),(x_2,y_2),(x_3,y_3),(x_4,y_4),(x_5,y_5)$ 可以看作平面直角坐标系上的点，这里的任意 3 个点可以确定一条二次曲线。因此，根据拉格朗日插值法可以恢复秘密 $s=1$。

假设对于任意的 3 个点 $(1,3),(2,7),(3,13)$，对应 P_1,P_2,P_3 的秘密共享份额。根据拉格朗日插值多项式公式可恢复秘密 $s=1$。

$$h(x)=y_1 \times \frac{(x-x_2)(x-x_3)}{(x_1-x_2)(x_1-x_3)}+y_2 \times \frac{(x-x_1)(x-x_3)}{(x_2-x_1)(x_2-x_3)}+y_3$$
$$\times \frac{(x-x_1)(x-x_2)}{(x_3-x_1)(x_3-x_2)}$$
$$=3 \times \frac{(x-2)(x-3)}{(1-2)(1-3)}+7 \times \frac{(x-1)(x-3)}{(2-1)(2-3)}+13 \times \frac{(x-1)(x-2)}{(3-1)(3-2)}$$
$$=3 \times \frac{x^2-5x+6}{2}+7 \times \frac{x^2-4x+3}{-1}+13 \times \frac{x^2-3x+2}{2}$$
$$=x^2+x+1$$

所以，计算出 $h(x)=x^2+x+1$，通过假设 $x=0$，计算出 $h(0)=1$。可以看出，P_1,P_2,P_3 可以恢复秘密 $s=h(0)=1$。

4. 基于中国剩余定理

（1）P_0 选择素数 $p=2$，这里要求 p 与 m_1,m_2,m_3,m_4,m_5 互素，并且 m_1,m_2,m_3,m_4,m_5 两两互素，而且它们是严格递增的正整数序列，所以假设 $m_1=5,m_2=7,m_3=9,m_4=11,m_5=13$。其中 $N-\prod_{i=1}^{3}m_i > p\prod_{i=1}^{2}m_{n-i+1}$，即 $N=m_1 \times m_2 \times m_3=315>2 \times m_4 \times$

$m_5 = 286$。随机选择整数 A，要求满足 $0 < A < \left[\dfrac{N}{p}\right] - 1 = \left[\dfrac{315}{2}\right] - 1 = 156$。这里为了便于计算，选择 $A = 1$。

（2）P_0 计算 $y = s + Ap = 1 + 1 \times 2 = 3$，于是 $y_1 = y \bmod m_1 = 3 \bmod 5 = 3$，$y_2 = y \bmod m_2 = 3 \bmod 7 = 3$，$y_3 = y \bmod m_3 = 3 \bmod 9 = 3$，$y_4 = y \bmod m_4 = 3 \bmod 11 = 3$，$y_5 = y \bmod m_5 = 3 \bmod 13 = 3$。然后 P_0 将 (y_1, m_1)，(y_2, m_2)，(y_3, m_3)，(y_4, m_4)，(y_5, m_5) 秘密共享份额分别发送给参与者 P_1, P_2, P_3, P_4, P_5。因此，基于中国剩余定理，运用 $(3,5)$ 门限秘密共享方案可以实现秘密 $s = 1$ 的共享。

对于 $(3,5)$ 门限秘密共享方案中的秘密 $s = 1$ 的恢复，运用中国剩余定理的过程如下。

任意选择三个参与者 P_1, P_2, P_3 进行秘密 $s = 1$ 恢复，那么可以建立线性同余方程组：

$$\begin{cases} y = y_1 \bmod m_1 \\ y = y_2 \bmod m_2 \\ y = y_3 \bmod m_3 \end{cases}$$

由中国剩余定理，可解得该方程组唯一的解

$$y = \left(\frac{M}{m_1} \times e_1 \times y_1 + \frac{M}{m_2} \times e_2 \times y_2 + \frac{M}{m_3} \times e_3 \times y_3\right) \pmod{M}，其中 M = \prod_{i=1}^{3} m_i = 315，$$

因为 $\dfrac{M}{m_1} \times e_1 \equiv 1 \pmod{m_1}$，所以 $e_1 = 2$。另外，$\dfrac{M}{m_2} \times e_2 \equiv 1 \pmod{m_2}$，$\dfrac{M}{m_3} \times e_3 \equiv 1 \pmod{m_3}$，所以 $e_2 = 5, e_3 = 8$。因此有 $y = \left(\dfrac{315}{5} \times 2 \times 3 + \dfrac{315}{7} \times 5 \times 3 + \dfrac{315}{9} \times 8 \times 3\right) \pmod{315} \equiv 3 \pmod{315}$，再根据 $y = s + Ap$，可恢复共享秘密 $s = y + Ap = 3 - 1 \times 2 = 1$。

思考题

1. 简述数据源认证与数据完整性验证的联系和区别。

2. 为什么 Kerberos 要引入 TGS 和 TGT？

3. 在创建密钥建立协议时，两个用户表示为 A（Alice）和 B（Bob），可信的服务器表示为 S。协议的目的就是使 A 和 B 建立一个新的密钥 K_{AB}，并用它保护通信。S 的任务是生成 K_{AB} 并把它发送给 A 和 B。假设服务器 S 初始时和系统的每个用户都共享一个秘密密钥。密钥 K_{AS} 由 A 和 S 共享，K_{BS} 由 B 和 S 共享，这些共享的密钥称为长期密钥，我们将利用长期密钥建立会话密钥，如图 3-5 所示。

该协议在开放的环境中也是不安全的，它的问题不在于它泄露了秘密密钥，而在于没有保护信息"还有谁拥有密钥"。对该协议的一种攻击是：攻击者 C 拦截 A 传给 B 的消息，并用 D 的身份标识替换 A 的身份标识（D 可以是任何标识，包括 C 自己的标识）。结果 B 相信他和 D 共享密钥，而事实上他和 A 共享密钥。另外，该协议还容易受到内部攻击。为避免这两种由于缺少认证的攻击，请给出改进的协议。（画图说明即可）。

4. ISO/IEC 11770—3 标准中最简单的密钥传输协议机制：A 选择会话密钥并用 B

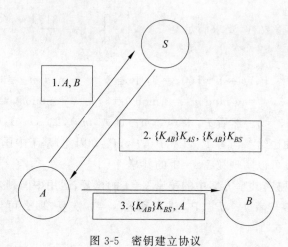

图 3-5　密钥建立协议

的公钥加密后发送给 B，加密的消息中还包括 A 的标识和时间戳 T（或用计数器代替）：$A \to B : E_B(A, K_{AB}, T_A)$。在这个协议中以及在标准的所有协议中使用的公钥加密方法能提供不可延展性和语义安全性。试分析该机制的优缺点。

 参考文献

[1]　王秦，朱建明，高胜. 博弈论与密码协议研究进展[J]. 密码学报，2019，6(1)：87-99.

[2]　怀进鹏，李先贤. 密码协议的代数模型及其安全性[J]. 中国科学 E 辑：技术科学，2003(12)：1087-1106.

[3]　苑博奥，刘军，周海刚. 密码协议研究与发展[J]. 军事通信技术，2017，38(1)：90-96.

[4]　薛锐，彭长根，田有亮. 理性密码协议专栏序言（中英文）[J]. 密码学报，2019，6(1)：83-86.

[5]　彭长根，田有亮，刘海，等. 密码学与博弈论的交叉研究综述[J]. 密码学报，2017，4(1)：1-15.

[6]　张虎强，洪佩琳，李津生，等. 一种零知识证明协议的安全分析与改进[J]. 信息安全与通信保密，2006(11)：163-166.

[7]　徐斌，裴懿勇，金敏捷. Kerberos 协议的改进研究[A]. 中国造船工程学会，2017：5.

[8]　赵华伟，刘月. 设计密码协议的若干原则与方法[J]. 计算机应用与软件，2011，28(10)：9-13.

[9]　CHEN X, DENG H. Efficient Verification of Cryptographic Protocols with Dynamic Epistemic Logic[J]. Applied Sciences, 2020, 10(18)：6577.

[10]　WU H, ZHENG W, CHIESA A, et al. {DIZK}：A Distributed Zero Knowledge Proof System[C]. 27th {USENIX} Security Symposium ({USENIX} Security 18), 2018：675-692.

[11]　YANG Y, LI H, CHENG X, et al. A High Security Signature Algorithm Based on Kerberos for REST-style Cloud Storage Service [C]. 2020 11th IEEE Annual Ubiquitous Computing, Electronics & Mobile Communication Conference (UEMCON). IEEE, 2020：0176-0182.

[12]　YANG X, LAU W F, YE Q, et al. Practical Escrow Protocol for Bitcoin[J]. IEEE Transactions on Information Forensics and Security, 2020, 15：3023-3034.

[13]　JURCUT A, COFFEY T, DOJEN R. A Novel Security Protocol Attack Detection Logic with Unique Fault Discovery Capability for Freshness Attacks and Interleaving Session Attacks[J].

IEEE Transactions on Dependable and Secure Computing,2017,16(6)：969-983.

[14] HE X, LIU J, HUANG C T, et al. A Security Analysis Method of Security Protocol Implementation Based on Unpurified Security Protocol Trace and Security Protocol Implementation Ontology[J]. IEEE Access,2019,7：131050-131067.

[15] ZHANG J, YANG L, GAO X, et al. Formal Analysis of QUIC Handshake Protocol Using ProVerif[C]. 2020 6th IEEE International Conference on Edge Computing and Scalable Cloud (EdgeCom). IEEE,2020：132-138.

[16] ALY A,ASHUR T,BEN-SASSON E,et al. Design of Symmetric-key Primitives for Advanced Cryptographic Protocols[J]. IACR Transactions on Symmetric Cryptology,2020：1-45.

[17] BOONKRONG S. Authentication and Access Control. Practical Cryptography Methods and Tools [M]. Berkeley：Apress,2021.

第 4 章
密 钥 管 理

Bob 是一家公司的员工,负责公司日常数据处理,并且每天需要将处理好的敏感商业数据发送给位于其他城市的总公司老板 Alice。Alice 和 Bob 已协商好一个对称加密算法,并约定每天将数据加密后再进行发送。然而,Alice 和 Bob 所使用的网络信道是公开的,时刻被竞争对手 Eve 监听。此时,Alice 和 Bob 面临以下几个难题。

(1) 虽然对称加密算法可以保证秘密数据的机密性,但 Alice 和 Bob 需要使用相同的密钥才能完成加密和解密操作,那么 Alice 和 Bob 如何获得一个共享的对称密钥呢?

(2) 假设 Alice 和 Bob 使用一种安全的方法成功获得了一个对称密钥,且用该密钥加密并发送数据,那么在敌手 Eve 监听的情况下,该密钥能够使用多少次? 如果使用次数过多,会不会破坏加密算法的安全性?

(3) 如果 Alice 和 Bob 所持有的密钥遭到泄露或窃取,或其中一方遗失了密钥,如何重新协商一个新的密钥?

(4) 如果 Alice 和 Bob 为了提高安全性,决定定期更换密钥,那么在一段时间之后,将产生很多密钥,这些密钥如何进行管理?

在本章中,我们将学习与密钥管理相关的理论和技术,主要包括密钥的生命周期、密钥管理系统、对称和非对称密钥管理,以及相关标准规范等内容。这些内容将帮助 Alice 和 Bob 解决以上场景中面临的密钥协商和管理的相关问题。

4.1 密钥生命周期

密钥生命周期指的是密码产品或系统中的密钥从生成到销毁的完整过程。根据不同的应用场景和具体需求,密钥的生命周期具有不同的时间跨度。例如,在数字签名中,密钥的生命周期可能持续几个月或数年;而在一些需要使用临时密钥的场景中,密钥可能仅持续几分钟,或仅用于单次会话,在会话结束后立刻销毁。总体来说,密钥的使用频率越高,其生命周期越短。

密钥的完整生命周期包含多个阶段,主要包括密钥生成、密钥存储、密钥导入和导出、密钥分发、密钥使用、密钥备份和恢复、密钥归档及密钥销毁,下面对每个阶段进行详细描述。

4.1.1 密钥生成

密钥生命周期的第一个阶段为密钥生成,从安全性方面考虑,所有的密钥在生成时都应该直接或间接地基于随机数进行生成。在间接地使用随机数进行生成时,通常需要使用一个密钥派生函数(Key Derivation Function,KDF)。在密钥派生函数中,需要使用主密钥、共享秘密信息等内容,这些内容的生成过程同样与随机数息息相关。无论密钥直接使用随机数进行生成,或借助密钥派生函数进行生成,密钥的生成过程都应该在密码产品的内部完成。

另外,在一些密码产品中,还经常基于用户的口令和唯一标识符生成密钥。但是,通常以这种方法生成的密钥具有较低的复杂度,因此,其在抵抗穷举攻击时的防护能力较低。因此,基于口令的密钥生成方法在大多数场景中不推荐使用,它仅适用于一些特殊的应用场景,如加密存储设备等。

在密钥生成过程中,除了密钥本身,通常还会同时生成一些密钥控制信息,例如密钥的拥有者、使用者、用途、索引号、生命周期时间等信息,这些信息的目的是确保密钥能够被正确地使用。密钥控制信息可以不使用密码学算法进行加密保护,但需要进行完整性保护,以防止攻击者进行篡改。下面对两种密钥生成方式进行介绍。

1. 利用随机数直接生成密钥

直接使用随机数生成密钥时,密钥的安全性取决于随机数生成器的安全性,因此通常需要使用满足一定标准的随机数生成器。对于不同的加密算法,密钥有多种不同的要求,如密钥的长度、大小、数学性质等。因此,在将随机数直接作为密钥前,首先要检查随机数是否能够满足加密算法的要求,并且在必要的时候对随机数进行调整,或重新生成新的随机数,直到能够满足作为密钥的条件。

2. 利用密钥派生函数生成密钥

在利用密钥派生函数生成密钥时,密钥通过一个或一些秘密值进行派生,而不直接使用随机数作为密钥。密钥派生函数以这些秘密值作为输入,同时借助其他辅助信息(如随机数和计数器等)生成满足加密算法要求的密钥。从安全性角度考虑,密钥派生函数需要满足单向性,即攻击者无法根据密钥本身推断出其在生成时所使用的秘密值和辅助信息。另外,假设攻击者已经获取了一个派生的密钥,密钥派生函数还需要确保攻击者无法根据该密钥推断出其他使用相同秘密值所派生的密钥。在实际应用中,密钥派生函数通常使用对称加密算法或 Hash 函数等密码学工具进行构造。密钥派生函数主要有两种密钥派生过程,具体描述如下。

(1)根据共享秘密值派生密钥。在密钥生成前,通信的双方首先使用 Diffie-Hellman、MQV 等协议协商一个共享的秘密值。该秘密值通常不能直接满足加密算法对密钥的要求,因此无法直接作为密钥使用,而是需要将其作为密钥派生函数的输入进行密钥派生。由于通信的双方都持有相同的秘密值,因此,可以使用密钥派生函数派生出相同的密钥。

(2)根据主密钥派生密钥。在一些应用场景中,可能需要使用大量的密钥,例如需要为大量实体生成独立密钥的场景,对这些密钥的存储和管理需要耗费大量的人力和物力。因此,在对这些密钥进行生成前,通常首先生成一个主密钥,并使用该主密钥作为密钥派生函数的输入,同时结合每个实体的唯一标识符和口令等信息,为每个实体生成单独的密钥并进行分发。在进行存储时,只需要存储主密钥,无须存储所有实体的密钥,大幅降低了存储代价和管理代价。在使用某个实体的密钥时,只需要使用主密钥和该实体的信息重新生成,即可得到该实体的密钥。

4.1.2 密钥存储

在密码系统和产品中,密钥的存储方式十分重要,需要防止攻击者直接从存储设备中获取密钥。为了确保密钥的存储安全,可以将密钥保存在专门设计的密钥存储设备中,此类设备通常根据相关标准进行设计和制造,能够对存储的密钥提供必要的安全保护。如果需要使用通用的存储设备(如硬盘等)或系统(如数据库等)对密钥进行存储,则需要首先对密钥进行保密性和完整性保护。另外,并非所有的密钥都需要进行存储,对于一些生命周期很短的密钥(如会话密钥),在使用完成后需要马上销毁。下面对两种密钥存储方式进行具体介绍。

1. 使用密钥存储设备进行存储

密钥存储设备是专门设计用来存储密钥的硬件设备,可以有效地对存储的密钥提供保密性和完整性保护。此类设备通常使用分层的存储方式,在顶层中使用明文形式存储一个或多个密钥加密密钥,并使用严格的物理防护措施进行保护,防止攻击者进行窃取和篡改;在下层中,使用上层的密钥加密密钥将要存储的密钥进行加密,并以密文的形式进行存储。只要密钥存储设备使用了安全性足够高的加密算法,即使攻击者获取了下层存储的密钥的密文,也无法恢复出其对应的密钥的明文。

2. 使用通用存储设备和系统进行存储

在一些应用场景中,可能需要对较多数量的密钥进行存储,同时由于成本等因素无法采购并使用密钥存储设备,此时可以将密钥存储在通用的存储设备和系统中。在这种情况下,需要使用密码学算法和工具对存储的密钥进行保密性和完整性保护。需要注意的是,从安全性角度出发,不应该仅使用 Hash 函数对存储的密钥进行简单的安全防护,因为其无法有效地阻止攻击者对密钥进行篡改。

4.1.3 密钥导入和导出

在密码系统和产品中,经常需要导入和导出密钥,以实现密钥外部存储、密钥备份、密钥恢复、密钥分发等功能。为了在导入和导出的过程中保护密钥的安全性,通常规定密钥不能以明文的形式直接进行导入和导出操作。常见的密钥导入和导出方式包括加密传输和秘密拆分,具体描述如下。

1. 加密传输

使用加密算法对密钥进行加密传输是最常用的密钥导入和导出方式,其通常具有简单、高效等特点。在使用对称加密算法进行加密传输时,通信的双方首先需要协商一个相同的密钥加密密钥;在使用非对称加密算法进行加密传输时,发送方首先需要获取接收方的公钥。使用非对称加密算法进行密钥加密传输的方法通常也被称为数字信封。另外,为了确保密钥在加密传输过程中的完整性,需要引入完整性校验机制,防止攻击者恶意篡改。

2. 秘密拆分

在使用秘密拆分进行密钥导出时,首先需要将密钥作为秘密信息进行分割,分割的结果为若干秘密分片,然后将每个分片进行导出。在密钥导入时,将每个秘密分片分别进行导入,并且在导入足够多的秘密分片后对密钥进行恢复。在进行秘密拆分时,可以使用多种密码学算法和协议,如 Shamir 秘密分享方案。在 Shamir 秘密分享方案中,一个秘密信息被分割成 n 个秘密分片,只有同时拥有大于或等于 $t(t<n)$ 个秘密分片时才能将秘密信息进行恢复。

在进行秘密拆分时,需要确保秘密拆分的过程不会降低密钥本身的安全性。例如,将一个 128 位的密钥简单地拆分为两个 64 位的密钥分片,如果攻击者获取了其中一个密钥分片,其使用穷举搜索攻击恢复出完整密钥的难度将从 2^{128} 降低到 2^{64},很大程度上降低了密钥的安全性。

对于安全性要求较高的应用场景,还要求秘密拆分后的密钥分片必须通过可信信道进行传播。可信信道指的是发送方和接收方之间的安全通信链路,该链路能够有效地防止任何攻击者进行窃听和篡改。

4.1.4 密钥分发

密钥分发是密钥生命周期的重要过程,其目的是将一个或多个密钥分发至一个或多个实体中。密钥分发可以分为人工分发和自动分发两种方法,其中人工分发通常可以认为是离线分发过程,自动分发是在线分发过程。人工分发主要由人工通过面对面等方式进行密钥分发,自动分发则通过密码学技术自动完成密钥分发过程,具体介绍如下。

1. 人工分发

在进行人工分发时,首先使用前文中描述的密钥导出方式,通过加密传输和秘密拆分的方式将密钥导出到物理设备中,然后将物理设备以面对面的方式交给密钥的接收方,再由接收方进行密钥导入操作。人工分发通常效率较低,无法适用于大规模的密钥分发过程,一般用于主密钥或重要密钥的分发。人工分发过程的安全性很大程度上依赖于分发者的具体操作流程,因此需要分发者严格遵守安全规范。通常,人工分发需要满足以下几个要求。

(1)密钥的分发者和接收者都是经过授权的实体。

(2)密钥的分发者和接收者是可信的。

(3)密钥在人工分发的过程中具有足够的安全机制,能够确保密钥的安全性,避免分发过程中可能遭到的窃取、假冒、篡改、重放等攻击。

2. 自动分发

在进行自动分发时,密码产品或系统首先将密钥导出,并使用常用的通信链路(如互联网)进行分发。自动分发通过密码产品或系统自动执行,可以实现大规模密钥的分发过程。自动分发的安全性主要依赖其使用的密码学技术来保证,由于其使用的通信链路通常是不可信的信道,因此需要确保密钥在分发过程中的保密性和完整性。

4.1.5　密钥使用

密钥通常只能在特定的密码产品或系统中使用,而且同一个密钥一般不会被多个密码产品或系统共同使用,因为如果其中一个密码产品或系统存在安全漏洞从而导致密钥泄露,将直接影响其他密码产品或系统的安全性。同时,一个密钥一般只用于一个用途,如加密、签名、完整性验证等。即使在这些操作过程中使用了相同的密码学算法,也需要分别使用不同的密钥,主要原因如下。

(1) 同时使用同一个密钥会降低密钥的安全性。

(2) 不同用途的密钥具有不同的生命周期和管理要求。例如,用于数字签名的私钥在生命周期完成后一般立刻销毁,而用于数据加密的私钥在生命周期结束后需要进行归档,以便解密历史数据。

(3) 不同用途的密钥在使用过程中面临的安全威胁不同,因此限制密钥的用途可以有效地提高密钥的安全性,降低密钥泄露时所造成的损失。

对于非对称加密算法来说,公钥通常不需要进行保密性保护,但在使用过程中需要对其进行完整性验证,并确保公钥来源的真实性和可信性。

4.1.6　密钥备份和恢复

为了防止密钥遗失或物理设备故障等原因导致密钥的可用性遭到破坏,可以将密钥进行备份,并在必要时进行恢复。密钥在备份时需要将密钥控制信息一同进行备份存储,并且在密钥控制信息中注明密钥的状态为不激活,此时密钥不能直接参与加密或解密运算。密钥在备份时通常存储在外部的存储介质中,因此需要对密钥进行必要的保密性和完整性保护,并确保只有授权的实体可以恢复出明文密钥,以防止备份所使用的存储介质遭到攻击,从而导致密钥泄露。

另外,密钥在备份和恢复时,需要对其过程进行完整的记录,包括执行备份和恢复的实体、时间、方式等,以便在需要时对备份和恢复过程进行审计。

4.1.7　密钥归档

通常,密钥在其生命周期结束后应当进行销毁,以防止密钥遭到攻击或泄露,从而导致密码产品或系统遭到破坏。但在一些情况下,可能存在对历史数据进行解密和对历史签名进行验证的需求,因此需要对这些不在生命周期中的密钥进行归档处理。对于非对称加密算法和电子签名算法来说,加密和签名操作所使用的密钥不应进行归档,只需将解密和验证所使用的密钥进行归档。

密钥的归档和备份从技术角度上看基本相同,同样保存在外部存储介质中,并且需要对其进行保密性和完整性保护。它们的主要区别是,归档仅针对生命周期之外的解密和验证密钥,现有的密码产品或系统中通常已不再使用;而备份主要针对还在生命周期内的密钥,其目的是增加密钥的可用性。密钥的归档同样需要进行完整的记录,包括执行归档的实体、时间、方式、目的等信息,以便在需要时对归档过程进行审计。

4.1.8　密钥销毁

密钥的销毁通常是其生命周期中最后的过程,在密钥销毁时应当删除密钥本身和所有该密钥的备份。在销毁结束后,可以根据应用场景的具体需求重新生成新的密钥,以接替被销毁的密钥继续完成工作。密钥的销毁主要包括正常销毁和应急销毁,具体情况如下。

(1) 正常销毁:密码产品或系统对已经到达截止日期的密钥自动进行销毁操作,比如会话密钥在会话结束后自动销毁。

(2) 应急销毁:在密钥已经遭到泄露,或已知密钥存在泄露风险时,需要对密钥进行应急销毁,防止攻击者非法地对密钥进行使用。在一些密码产品或系统中,包括安全检测措施和密钥应急销毁机制,可以在检测到安全威胁时自动执行销毁过程;或者当密钥的所有者发现密钥存在安全风险时,手动提前终止密钥的生命周期,并对其进行销毁操作。

4.2　密钥管理系统

密钥管理系统是指对业务系统中的密钥进行集中管理的软件系统,主要目的是构建完善的密钥管理体系,为具体业务提供密钥的全生命周期管理服务和功能。

密钥管理系统负责对密钥的生成、存储、导入和导出、分发、使用、备份和恢复、归档及销毁等生命周期进行安全性保护,利用密码学技术确保密钥的保密性和完整性,同时在密钥进行在线分发的过程中防止窃听和重放等攻击。以上安全性保护不仅适用于业务系统中需要使用的对称加密密钥和非对称加密密钥,同时也适用于保护密钥本身所使用的密钥。

对于不同的行业和不同的应用场景,目前还没有统一的密钥管理系统构建标准和规范。在实际部署中,需要根据具体的功能需求和安全性需求制定安全策略,并对密钥管理系统进行设计和建设。

4.2.1　密钥管理的层次结构

密钥管理系统根据实际业务的不同需求,需要对多种密钥进行管理,包括用于加密数据的密钥(会话密钥)、用于加密密钥的密钥(密钥加密密钥)、用于数字签名的密钥(私钥)、用于数字签名验证的密钥(公钥)等。为了实现对密钥的高效管理,密钥管理系统通常采用层次化的密钥结构。三层密钥管理层次结构是常用的结构之一,其示意图如图 4-1 所示。

在图 4-1 中,系统共包含三种密钥,分别是主密钥、密钥加密密钥和会话密钥。其中主密钥的功能是生成密钥加密密钥;密钥加密密钥的功能是保护会话密钥;会话密钥的功能是对信息或数据进行加密和解密。每个层次的密钥根据不同的保密需求，使用不同的密钥协议进行密钥的交换和分发。

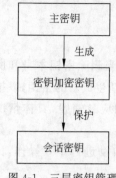

图 4-1　三层密钥管理层次结构

（1）主密钥：处于三层层次结构中的最高层次，通常由系统自动生成并分配给每个用户，或由用户自行选择。主密钥一般与用户一一绑定，并由用户秘密保存，因此在一些场景中主密钥也可以作为用户的身份标识，用于区分不同的用户或对用户的身份进行认证。主密钥的生命周期普遍较长，一旦泄露，将造成严重的后果。因此，保护主密钥的安全性是至关重要的。主密钥一般使用特殊的专用硬件设备存储在网络中心或主要节点中。另外，为了确保主密钥在分发过程中的安全性，通常使用人工分发的方式，由可信的保密人员通过物理的方式进行传递。主密钥的主要作用是使用特定的算法生成密钥加密密钥。

（2）密钥加密密钥：位于三层层次结构中的中间层，有时也会被称为二级密钥或次主密钥。在业务系统中，密钥加密密钥可以通过随机数发生器生成，也可以由主密钥通过特定的算法衍生而来。密钥加密密钥的生命周期相较于主密钥更短，在一个网络中所有的节点都应分配不同的密钥加密密钥。密钥加密密钥的主要功能是对会话密钥进行保护，并实现会话密钥的协商。如果密钥加密密钥遭到泄露，将影响其生命周期中所保护的会话密钥，因此，其通常也需要使用特定的设备进行存储和保护。

（3）会话密钥：通信双方或多方在进行数据交互时对数据进行加密和解密的密钥，因此也被称为数据密钥。会话密钥的生命周期通常很短，在每次通信开始时生成，并在此次通信结束后销毁。因此，如果会话密钥发生泄露，最多只会影响一次会话中的加密数据，相对于主密钥和密钥加密密钥造成的危害更小，所以不需要长期存储。在进行通信时，会话密钥可以由通信的一方生成，并借助密钥加密密钥通过密钥协商协议进行分发，也可以通过密钥中心生成并分配给所有通信终端。

密钥管理的层次结构能够确保密码系统的整体安全性，同时减少需要存储的密钥数量，提高存储效率，并有效地降低硬件和管理成本。在层次结构中，层级越低的密钥安全级别越低，且更换更加频繁，同时具有更好的独立性。另外，层次结构的安全性是自上而下的，下层密钥的泄露不会对上层密钥的安全性造成影响，但如果上层密钥出现安全问题，将导致其下层密钥的安全性遭到破坏。

对于大规模的密码系统来说，通常会生成、使用和存储大量的密钥，层次结构的密钥管理方式能够实现自动化或半自动化的管理过程，有效地减少人力成本。在系统中，只有最顶层的主密钥需要人工进行分发，其底层的所有密钥均可以使用密码学算法和密钥交互协议等方式生成和分发。

在安全性方面，层次结构能够确保整体系统具有良好的安全性，虽然层级最低的密钥所受到的安全性保护措施较少，但即使其遭到泄露，也不会对整体系统造成严重的损失。同时，层级越高的密钥，其安全级别越高，对攻击者而言更加难以获取。

4.2.2　密钥管理的原则

密钥是密码系统的核心,因此,密钥管理通常是重要性最高且安全需求最高的系统组成部分之一。在大规模的密码系统中,密钥管理是一项复杂且烦琐的系统工程,必须通过完善的设计、建设、实施、管理和维护才能确保安全可靠的密钥管理过程。因此,密钥管理问题需要遵循一些基本原则,确保密码系统的安全性、可靠性和稳定性。

(1) 完全安全原则:在进行密钥管理时,需要对密钥的整个生命周期进行完全的安全管理,包括生成、存储、导入和导出、分发、使用、备份和恢复、归档及销毁等。只有当密钥的完整生命周期都受到妥善保护时,才能确保密钥的安全性。如果密钥在其生命周期中的某个阶段出现安全问题,则无法保证该密钥在其他阶段中的安全性。因此,密钥的安全性遵循"木桶原理",其整体安全性是由整个生命周期中最脆弱的阶段所决定的。

(2) 最小权利原则:在一个密码系统中,用户在进行业务操作时,只允许其获取完成该操作所需的最少的密钥。如果一个用户能够获取更多的密钥,其能够获取的权限就越大,同时安全风险也相应增加。如果该用户具有恶意的企图,或被其他攻击者控制,将导致更大的损失和危害。

(3) 责任分离原则:在密码系统中,确保同一密钥只负责一件事务,避免多种不同的事务类型共用一个密钥,即使它们可能使用相同的密码学算法。例如,用于加密数据的密钥不可用于身份认证、访问控制、数字签名、密钥交换等其他事务。这样做的优点是即使一个密钥遭泄露,也只能影响使用该密钥的单一事务,无法对系统中的其他事务产生安全影响。

(4) 密钥分级原则:对于大规模密码系统来说,密钥具有数量庞大和种类繁多等特点,因此需要采用密钥分级的思想,由高层级的密钥对低层级的密钥进行保护,最大化地实现自动化的密钥管理过程。同时,高层级的密钥相对于低层级的密钥需要满足更高级的安全防护等级。密钥分级原则能够实现高效的密钥管理过程,降低密钥存储和管理的成本,减少密钥管理的工作难度。

(5) 密钥更新原则:对于最低层级的密钥,需要进行频繁的更换,确保同一密钥不会因为长时间使用而导致其安全性降低,避免攻击者通过获取大量使用相同密钥进行加密的密文进行密码学攻击。在最理想的情况下,一个密钥仅使用一次。然而,在实际应用中,这样做会大量增加密钥管理的复杂性和成本,因此需要在安全性和效率之间进行有效权衡。

除了以上 5 个原则以外,在密钥管理的过程中还需要满足以下需求。

(1) 制定良好的密钥管理策略。密钥管理策略是密钥管理的原则性指导,为密钥管理工作提供总体方向。只有完善的密钥管理策略,才能确保密钥管理的有效性和安全性。

(2) 设计合理的密钥管理机制。在密钥管理策略的基础上,还需要设计具体的密钥管理机制,也就是详细的密钥管理方法和过程,并在实施过程中严格按照拟定的机制开展工作。密钥管理机制和密钥管理策略相辅相成,互相影响,只有同时具有完善的策略和机制时,才能实现良好的密钥管理过程。

(3) 确保密钥的长度。从密码学角度讲,密钥需要满足特定的长度,才能有效地防止攻击者在一定的时间内对密钥进行破译。通常,密钥的长度越长,攻击的难度就越大,同时也会导致加密和解密的过程效率更低,需要耗费更多的资源。对于不同的密码学算法和工具,其密钥长度的要求也不尽相同,因此需要根据实际安全需求制定合理的密钥长度,在效率和安全性之间找到平衡点。

4.3 对称密钥管理

在对称密码学中,加密算法和解密算法需要使用相同的密钥,因此在使用对称密码算法进行安全通信时,需要通信的双方或多方之间共享一个相同的密钥,并且该密钥需要对其他人或实体保密。同时,为了防止攻击者对密码产品或系统进行攻击并获取密钥,需要对密钥进行频繁的更换,以减少密钥被攻击者获取而造成的损失。在对密钥进行共享和分发时,可以使用对称密钥分发和密钥协商两种方式。其中对称密钥分发指的是一方生成对称密钥,并安全地将该密钥分发给其他第三方;密钥协商指的是对称密钥由所有参与方共同协商得到,单一的参与方无法单独控制密钥协商的结果。

4.3.1 对称密钥分发

对称密钥的分发技术的目的是在通信的双方或多方之间传递对称密钥,并且保证该密钥不被其他第三方获取。对于使用对称加密算法的密码系统来说,对称密钥分发直接影响密码系统的安全强度。假设 Alice 需要使用对称加密算法和 Bob 进行通信,对称密钥分发可以由以下几种方法实现。

(1) Alice 选择对称密钥,并通过物理手段分发给 Bob。

(2) 可信第三方实体选择对称密钥,并通过物理手段分发给 Alice 和 Bob。

(3) 如果 Alice 和 Bob 分别与可信第三方实体之间有可信信道,则可以在可信信道中进行密钥分发。

(4) 如果 Alice 和 Bob 之间已经共享了一个对称密钥,则可以利用现有的对称密钥对新的对称密钥进行加密,并将密钥的密文进行传输。

方法(1)和方法(2)需要使用物理手段分发对称密钥,这在某些应用场景中可以实现。例如在一对一的链路通信加密应用中,每条链路只涉及一个发送端和一个接收端。然而,在网络中的端到端通信场景中,一个终端可能需要同时与其他很多终端进行通信,此时使用物理手段分发对称密钥通常是不实用的,这个问题在大范围的分布式系统中更加明显。

假设一个网络中拥有 n 个终端,其中每个终端都需要与其他 $n-1$ 个终端进行通信。在这个场景中,每个终端都需要保存 $n-1$ 个对称密钥,因此,整个网络中共有 $n(n-1)/2$ 个对称密钥。如果一个新的终端加入该网络中,其需要与其他所有终端各自分发一个对称密钥。另外,如果加密算法是在应用层执行的话,那么每个终端根据其使用的应用的数量可能需要更多的密钥,使整个网络中的总体密钥数量大幅增加。

方法(3)是目前较常用的对称密钥分发方式之一,其通常采用分层的密钥保护体系。在最顶层,可信第三方与网络中的每个实体协商一个主密钥,因此,对于拥有 n 个终端的网络来说,可信第三方实体只需要存储 n 个主密钥。在网络中的两个终端需要使用对称密钥进行加密通信时,可信第三方实体使用发送方的主密钥和其身份的相关信息派生出会话密钥,并将会话密钥分发给这两个终端。会话密钥通常作为临时密钥,用来加密一次通信的内容,并在通信结束后进行销毁。由于网络中每个终端与可信第三方之间只需要协商一个主密钥,同时该主密钥通常不需要频繁变化,因此可以使用物理传输的方法进行传递。

方法(4)经常用于加密传输和端到端加密应用中,但是,由于后生成的密钥总是使用前一个生成的密钥进行加密,因此只要攻击者成功地获取了密码系统或产品中的其中一个密钥,就可以解密在其之后生成的所有密钥,可能导致大量的密钥泄露。

4.3.2　对称密钥分发结构

在进行对称密钥分发时,主要使用两种结构,分别是点对点结构和基于可信第三方的结构。其中密钥分发时所涉及的可信第三方通常为密钥分发中心(Key Distribution Center,KDC)。在对称密钥分发过程中,通常需要涉及两类密钥,分别是数据密钥(Data Key,DK)和密钥加密密钥(Key Encryption Key,KEK)。其中,数据密钥直接用来加密数据,通常也被称为会话密钥,该密钥在每次会话开始时生成,并在会话结束后进行销毁;密钥加密密钥的作用是对数据密钥进行保护,通过对称加密算法将数据密钥进行加密,该密钥通常需要长期保存,且很少进行修改。下面详细介绍两种对称密钥分发结构。

1. 点对点结构

在点对点结构中,通信的双方在通信之前首先使用物理传递的方式共享一个 KEK。在通信时,假设通信的发送方为 Alice,接收方为 Bob,对称密钥分发的具体过程如下。

(1) Alice 首先生成 DK,并使用 KEK 对 DK 进行加密,然后 Alice 将 DK 的密文发送给 Bob。

(2) Bob 在收到 DK 的密文后,使用 KEK 进行解密,得到明文密钥 DK。

(3) 此时,Alice 和 Bob 共享了一个会话密钥 DK,并使用该密钥对通信的内容进行加密。

(4) 通信结束后,Alice 和 Bob 将 DK 的生命周期终止,并对其销毁。

点对点结构的对称密钥分发如图 4-2 所示。

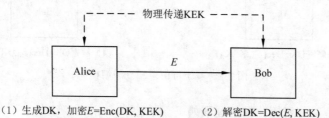

图 4-2　点对点结构的对称密钥分发

点对点结构由于需要通信的双方物理传递 KEK,因此仅能适用于终端较少的应用场景中。如果整个网络里包含大量的终端,并且每两个终端之间都需要进行通信,那么通过人工的方法物理传递 KEK 将很难实现。

2. 基于可信第三方的结构

为了解决大量终端之间的 KEK 共享问题,可以引入可信的第三方机构,通常称之为 KDC。在这个结构中,每个终端和 KDC 之间使用物理传递的方法共享一个 KEK,终端与终端之间在通信前不需要进行任何操作。因此,对于一个包含 n 个终端的网络,总共需要人工分发 n 个 KEK。

在 Alice 和 Bob 进行通信时,假设 Alice 和 KDC 之间的 KEK 为 KEK_A,Bob 和 KDC 之间的 KEK 为 KEK_B。数据密钥 DK 可以由通信的发送方 Alice 生成,也可以由 KDC 生成,图 4-3 和图 4-4 分别描述了以上两种方式。

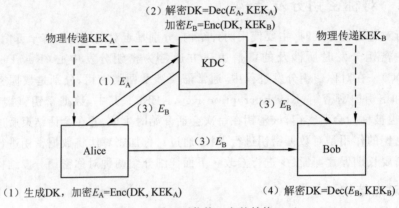

图 4-3　基于可信第三方的结构 1

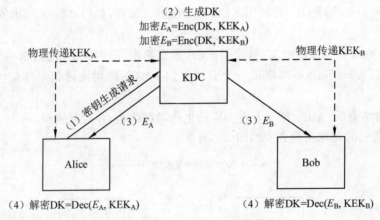

图 4-4　基于可信第三方的结构 2

在图 4-3 中,对称密钥分发的过程如下。

(1) Alice 首先生成 DK,并使用 Alice 和 KDC 之间共享的 KEK_A 进行加密,得到密文 E_A,然后将 E_A 发送给 KDC。

(2) KDC 收到 E_A 后,首先使用 KEK_A 进行解密,得到明文的 DK,然后再使用 Bob 和 KDC 之间共享的 KEK_B 进行加密,得到另一个密文 E_B。

（3）接下来，KDC 可以直接将 E_B 发送给 Bob，或将 E_B 先发送给 Alice，再由 Alice 转发给 Bob。

（4）Bob 在收到 E_B 后，使用 KEK_B 进行解密，得到明文的 DK。

在图 4-4 中，对称密钥分发的过程如下。

（1）Alice 向 KDC 提出密钥生成请求，并说明通信的接收方为 Bob。

（2）KDC 生成数据密钥 DK，并分别使用 KEK_A 和 KEK_B 对 DK 进行加密，得到密文 E_A 和 E_B。

（3）KDC 将 E_A 发送给 Alice，将 E_B 发送给 Bob。

（4）Alice 使用 KEK_A 解密 E_A，得到明文的 DK；Bob 使用 KEK_B 解密 E_B，得到明文的 DK。

在以上介绍的两种对称加密密钥分发结构中，需要确保通信时使用的 DK 能够有效地抵抗重放攻击。重放攻击指的是两次或多次通信时使用了相同的 DK，因此，如果攻击者获取了其中一个 DK，就可以解密其他使用该 DK 进行安全通信的内容。为了抵抗重放攻击，需要每次通信所使用的 DK 都不能重复。为了实现这一目标，可以使用以下几种方法。

（1）在每次通信时生成一个只使用一次的随机数（Nonce），并基于该随机数使用密钥派生函数派生 DK。

（2）为两个终端的通信过程添加一个计数器，每当一个新的通信被发起时，计数器进行自增，并且基于该计数器使用密钥派生函数派生 DK。

（3）在每次通信时，基于当前的时间戳使用密钥派生函数派生 DK。

在以上方法中，方法（1）和方法（2）需要记录额外的信息，略微增加了密码系统或产品的整体存储开销。

4.3.3　多层次 KDC 架构

对于较小规模的网络来说，可以使用单一的 KDC 进行对称密钥分发过程。然而，对于大规模的网络来说，由于网络中的终端很多，并且可能分布在很大的区域范围内，因此通常无法保证每个终端都可以和 KDC 之间进行 KEK 的物理传递。在这种情况下，单一KDC 的架构无法满足高效密钥分发的需求，因此需要建立多层次的 KDC 架构。在这种架构中，在顶层中有一个全局 KDC，每个层级的 KDC 负责对下一层的 KDC 进行密钥协商。在最底层中，通常是本地 KDC，每个本地 KDC 仅负责一小片区域的密钥分发，例如，一个企业内部或一栋建筑内部等。

在多层次 KDC 架构中，网络中的每个终端只和距离其最近的本地 KDC 进行交互。在进行通信时，如果通信的双方来自同一个本地 KDC 所覆盖的区域，则由该本地 KDC 负责密钥分发；如果通信的双方来自不同的本地 KDC，则需要这两个本地 KDC 根据多层次架构依次向上进行请求，直到两个请求发送到同一个 KDC 为止，并由该 KDC 负责密钥分发。

多层次 KDC 架构可以根据网络的具体规模、地理覆盖范围和具体需求灵活划分。该架构可以有效地减少网络中的终端和 KDC 之间物理传递 KEK 时的开销。另外，如果架构中的一个 KDC 遭到攻击者的破坏或劫持,其只能影响到该 KDC 的下一层,可以对危害范围进行控制。

4.4 非对称密钥管理

相对于对称加密算法,公钥加密算法的效率普遍较低,因此几乎不会直接加密大规模的数据,而通常用来加密规模较小的数据,如加密对称密钥。因此,公钥密码学是密钥分发的重要技术之一。本节将具体介绍如何利用公钥密码学实现密钥分发。

4.4.1 简单的密钥分发方案

Merkle 在 1979 年提出了一种简单的密钥分发方案,可以利用公钥密码学实现快速的数据密钥分发,如图 4-5 所示。假设 Alice 和 Bob 需要进行安全通信,该方案的具体步骤如下。

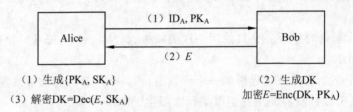

图 4-5　Merkle 密钥分发方案

(1) Alice 生成公钥密码算法的密钥对 $\{PK_A, SK_A\}$,其中 PK_A 是公钥,SK_A 是私钥。然后,Alice 将 PK_A 和自己的身份标识符 ID_A 发送给 Bob。

(2) Bob 使用随机数生成数据密钥 DK,并使用 Alice 的公钥进行加密,得到密文 $E = Enc(DK, PK_A)$,其中 Enc 是公钥密码学的加密算法,然后将 E 发送给 Alice。

(3) Alice 使用私钥将 E 进行解密,得到明文 $DK = Dec(E, SK_A)$,其中 Dec 是公钥密码学的解密算法,此时 Alice 和 Bob 共享了相同的 DK。

(4) Alice 销毁密钥 $\{PK_A, SK_A\}$,Bob 销毁密钥 PK_A,并使用 DK 加密要进行通信的信息。

(5) 通信结束后,Alice 和 Bob 销毁密钥 DK。

在以上方案中,在通信开始之前和结束之后,Alice 和 Bob 都不需要保存任何密钥,因此可以避免存储过程中的密钥泄露问题。同时,在通信过程中传输的密文可能是公开的信息,也可能是经过加密的密文,因此该方案可以有效地防止攻击者的窃听攻击。

密钥分发方案虽然可以简单、高效地实现密钥分发,但由于其缺少身份认证过程,因此无法抵抗中间人攻击。在中间人攻击中,攻击者 Mallory 分别伪装成 Alice 和 Bob,并和另一方进行通信。如果攻击者控制了 Alice 和 Bob 通信的信道,则可以通过以下过程实现中间人攻击。

(1) Alice 生成公钥密码算法的密钥对 $\{PK_A, SK_A\}$,并将 PK_A 和自己的身份标识符

ID$_A$ 一起发送给 Bob。

（2）Mallory 截获 PK$_A$ 和 ID$_A$，并生成自己的密钥对 $\{PK_M, SK_M\}$，然后将 PK$_M$ 和 ID$_A$ 发送给 Bob。

（3）Bob 使用随机数生成 DK，并使用 PK$_M$ 进行加密，得到密文 $E = \text{Enc}(PK_M, DK)$，并将 E 发送给 Alice。

（4）Mallory 截获 E，并使用 SK$_M$ 进行解密，得到 $DK = \text{Dec}(SK_M, E)$。然后 Mallory 使用 PK$_A$ 将 DK 进行加密，并将密文 $E' = \text{Enc}(PK_A, DK)$ 发送给 Alice。

（5）Alice 使用 SK$_A$ 进行解密，得到 $DK = \text{Dec}(SK_A, E')$。

在以上攻击中，Alice 和 Bob 成功地共享了 DK，同时攻击者 Mallory 在通信双方都不知情的情况下也获取了 DK。此时如果 Alice 和 Bob 使用 DK 对通信的数据进行加密，则 Mallory 可以对传输的密文进行窃听，并使用 DK 进行解密。

4.4.2　公钥分发

通常，公钥密码学中的公钥是可以公开的信息，因此只要通信的各方之间对使用的公钥加密算法达成共识，那么任意一方都可以将自己的公钥通过广播的方式发送给其他各方。虽然这种公钥广播方式简单、易行，但其具有较大的安全问题，即任何人都可以伪装成其他人并进行公钥广播。在 4.4.1 小节中介绍了中间人攻击的方法，通过这种方法攻击者可以冒充任意用户 U 发布公钥，并解密任何使用该公钥与用户 U 进行通信的加密消息。

为了防止以上攻击，可以由一个可信的第三方实体维护一个动态可访问的公钥目录。该可信实体负责对公钥目录进行维护和管理，具体包括以下内容。

（1）任何通信方都可以和可信第三方通过可信信道（如面对面）进行身份认证，并且在认证成功后将自己的公钥保存在公钥目录中，保存的方式为在目录中建立 $\{ID, PK\}$ 条目，其中 ID 是唯一身份标识符，PK 是公钥。

（2）任何通信方都可以访问公钥目录，并根据请求的 ID 获取其对应的 PK。

（3）任何通信方都可以对保存在公钥目录中的公钥进行更新，更新的原因可能是公钥已经结束生命周期，或对应的私钥已经遭到泄露。更新时，通信方同样需要与可信第三方通过可信信道进行身份认证。

该方法相较于 Merkle 密钥分发方案更加安全，并且减少了通信方在通信时所需要的计算代价。然而，它同样存在缺点，如果攻击者对可信第三方实施攻击并成功劫持，则可以冒充所有保存在公钥目录中的通信方。另外，由于公钥目录中的公钥需要保存在存储介质中，也可能被攻击者恶意篡改。

4.4.3　公钥基础设施

公钥基础设施（Public Key Infrastructure，PKI）是用来实现安全公钥分发的具有普适性的基础设施，其主要由硬件、软件、人员和管理策略组成。PKI 的主要功能是解决一个公钥属于哪个实体的问题。需要强调的是，一个公钥的所有者指的是持有其对应的私钥的实体，而不是单独持有该公钥的实体。

PKI 是现实生活中最常用的公钥分发方式,国内外的标准化组织针对不同的场景和需要,为 PKI 制定了很多标准和规范。目前应用较广泛的 PKI 标准是由 ITU-T 标准化部门制定的 X.509 标准,其目的是解决 X.500 系列中定义目录服务的身份鉴别和访问控制问题。

PKI 主要通过数字证书解决公钥的归属问题,X.509 标准中定义了数字证书的结构和认证协议。IETF 公钥基础设施工作组(Public Key Infrastructure Working Group, PKIX)为互联网上使用的数字证书定义了一系列标准,可以满足互联网环境中对 PKI 的需求。美国 RSA 公司制定的公钥密码学标准(Public Key Cryptography Standards, PKCS)中定义了 PKI 体系的加密、解密、签名、密钥交换、分发格式和行为等内容的相关标准和规范。同时,我国制定的 GM/T 0034—2014《基于 SM2 密码算法的证书认证系统密码及其相关安全技术规范》等系列标准对我国公众服务的数字证书认证系统的设计、建设、检测、运行及管理进行了规范。

1. PKI 系统组件

PKI 系统中主要包含以下几个系统组件。

(1) 证书认证(Certificate Authority,CA)机构:具有自己的公钥和私钥,负责对其他实体签发证书,并使用自己的私钥对其他实体的公钥信息进行签名。对于大规模的 PKI 系统,可能使用多层级 CA 架构,其中包含根 CA 和各级子 CA。

(2) 证书持有者(Certificate Holder):持有一个包含公钥的数字证书,以及与该公钥匹配的私钥。同时,证书持有者的身份信息也包含在其持有的数字证书中,证书持有者通常也被称为用户。

(3) 依赖方(Relying Party):需要使用其他人的数字证书实现安全功能的实体,也被称为证书依赖方。

(4) 证书注册认证(Registration Authority,RA)机构:是 CA 和证书申请者的交互接口,负责具体的信息录入、审核及证书发放等工作。RA 在对申请者的信息进行审核之后,才会将信息转交给 CA,并要求 CA 为其签发证书。

(5) 资料库(Repository):用于分发和存储 PKI 系统中的所有数字证书,并向依赖方提供访问和下载功能。

(6) 证书撤销列表(Certificate Revocation List,CRL):记录 PKI 系统中被撤销的证书的标识符,在进行证书验证时可以通过 CRL 查询待验证的证书是否已被撤销。

(7) 在线证书状态协议(Online Certificate Status Protocol,OCSP):一种“请求-响应”协议,证书验证者向 OCSP 服务器发送针对一个证书的状态查询请求,OCSP 服务器向其返回该证书的状态(正常、撤销或未知)。OCSP 和 CRL 可以实现相同的功能,在实际应用中 OCSP 通常实时性更高,但在部署时也相对更加复杂。

(8) 轻量目录访问协议(Lightweight Directory Access Protocol,LDAP):一种开放式的应用协议,其主要功能是维护证书的目录信息和向访问者进行访问控制。

(9) 密钥管理系统(Key Management System,KMS):为 PKI 系统提供密钥管理服务,包括密钥的生成、备份、恢复、托管等功能。

2. 数字证书结构

数字证书通常也被称为公钥证书,其中主要包含公钥持有者的身份信息、公钥、有效期和其他扩展信息,同时还包含 CA 对这些信息进行的数字签名。在 PKI 系统中,CA 使用自己的私钥对数字证书中的内容进行数字签名,为数字证书提供数据完整性和不可否认性等安全保障。由于数字签名中包含 CA 的数字签名,用户可以使用不安全的信道对数字证书进行传输,或可以使用不可靠的存储介质进行存储,同时不必担心攻击者对数字证书进行篡改和伪造。

在 X.509 标准中,CA 为用户签发数字证书,并将这些数字证书保存在资料库中,同时用户使用 LDAP 快速地查询并下载数字证书。X.509 标准下的数字证书包含以下内容,如图 4-6 所示。

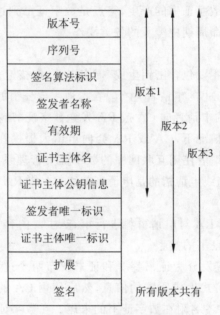

图 4-6   X.509 数字证书格式

- 版本号(Version Number):用于区分证书的不同版本,分为版本 1、2 和 3,每个版本包含的信息如图 4-6 所示。
- 序列号(Serial Number):证书的唯一标识符,用整数表示。
- 签名算法标识(Signature Algorithm Identifier):CA 所使用的数字签名算法和对应的参数。整数的末尾签名部分也包含以上信息,因此有时在此处忽略。
- 签发者名称(Issuer Name):签发该证书的 CA 的名称。
- 有效期(Period of Validity):该证书的有效期,包括生效日期和终止日期。
- 证书主体名(Subject Name):获取该证书的用户的名称。
- 证书主体公钥信息(Subject's Public-key Information):获取该证书的用户的公钥信息,同时包含对应的公钥加密算法及所使用的参数。
- 签发者唯一标识(Issuer Unique Identifier):签发该证书的 CA 的唯一标识符,其作用是防止 PKI 系统中存在多个使用相同名称的 CA,该项目为可选项。

- 证书主体唯一标识(Subject Unique Identifier):获取该证书的用户的唯一标识符,其作用是防止 PKI 系统中存在多个使用相同名称的用户,该项目为可选项。
- 扩展(Extensions):证书的其他扩展信息,包括密钥和策略信息、证书主体和发行者属性,以及证书路径约束等信息,该项目为可选项。
- 签名(Signature):CA 使用私钥对该证书生成的数字签名,同时还包含所使用的数字签名算法和对应的参数。

3. 数字证书生命周期

一个数字证书从其有效期中规定的生效日期开始进入有效状态,并在终止日期到达后进入无效状态。另外,如果数字证书在有效期范围内被撤销,则同样进入无效状态。数字证书生命周期的起点是数字证书的产生,终点是数字证书到达其终止日期,或被撤销。下面详细介绍数字证书生命周期中涉及的各类操作。

1) 数字证书的产生

数字证书的产生过程主要包含密钥生成、提交申请、审核检查和证书签发 4 个步骤。

(1) 密钥生成:数字证书的申请者(主体)在本地生成公钥加密算法的公钥和私钥。

(2) 提交申请:证书的申请者向 CA 或 RA 发送数字证书签发申请,并发送自己的身份信息及公钥信息。通常情况下,CA 或 RA 会向申请人提供在线申请和离线申请两种方式。在线申请指的是申请者使用互联网中的数字证书管理系统进行注册并登录,然后在线提交证书签发申请;离线申请指的是申请者前往 CA 或 RA 的办公地点,以物理传递的方式提交申请材料。

(3) 审核检查:CA 或 RA 对申请材料进行审查,主要内容包括验证申请者的身份,以及审定可以签发的数字证书的类型。

(4) 证书签发:证书签发分为证书签署和证书发布两个过程。在证书签署过程中,CA 首先按照数字证书的格式生成所需的信息,然后使用 CA 的私钥对数字证书中的内容进行数字签名,并将数字签名附在数字证书的末尾。在数字证书签署完成后,CA 负责将该数字证书进行发布。发布时,CA 会向申请人发送一份数字证书,并将该数字证书存放在数字证书资料库中,以供其他依赖方查询和使用。数字证书的发布可以采用在线和离线两种方式。同时,由于数字证书使用数字签名进行保护,因此在发布的过程中无须采用可信信道。

2) 数字证书的使用

数字证书的使用主要包括依赖方对数字证书的获取、验证、使用和存储。

(1) 数字证书获取:在 PKI 系统中获取证书前,首先需要对该 PKI 系统的根 CA 进行验证,以获取根 CA 的公钥。PKI 系统的根 CA 同样有一个自己的数字证书,其使用了自己的私钥进行签名。因此,在 PKI 系统中无法通过技术手段获取根 CA 的公钥并对其进行验证。为了获取根 CA 的公钥,只能通过可信信道传输(如物理传递)的方式。对根 CA 的证书进行验证后,就表示信任该 PKI 系统中根 CA 所签署的所有证书链。

在对根 CA 进行验证后,用户就可以从数字证书的资料库中查询需要使用的证书,并进行下载。同时,用户可以通过其他途径获取要使用的数字证书。

(2) 数字证书验证:数字证书的目的是证明公钥和其所有者之间的归属关系,因此在使用数字证书前需要对其进行验证。数字证书的验证包括有效性验证、有效期验证和撤销状态验证。

数字证书的有效性验证指的是验证数字证书的数字签名。验证时,首先需要获取签发该数字证书的 CA 的数字证书。如果该 CA 不是根 CA,则需要使用根 CA 的公钥对 CA 证书进行验证,并从中获取该 CA 的公钥。然后,验证者提取出要使用的数字证书的数字签名,并使用 CA 的公钥对其进行验证。如果验证通过,则可以确保该数字证书的完整性;如果验证不通过,则说明该数字证书是经过伪造或篡改的,即证书是无效的。

在有效性验证通过后,下一步是提取数字证书中的有效期信息,并检查该数字证书是否在有效期内。如果该数字证书已经超出其有效期,则认为该数字证书是无效的。

在有效期验证通过后,最后一步是验证数字证书的撤销状态。验证时,可以对 CRL 和 OCSP 服务器提交查询申请,并接收查询结果。如果查询结果表明该数字证书已被撤销,则说明该数字证书是无效的;如果查询结果表明该数字证书未被撤销,则判定该数字证书是有效的,可以进行使用。

在实际应用中,PKI 系统通常采取分层的 CA 结构,如图 4-7 所示。其中根 CA 会使用自己的私钥对下层的中间 CA 证书进行签名,中间 CA 同样使用自己的私钥对再下一层的中间 CA 证书进行签名,最终形成一条 CA 证书链。因此,进行验证时,需要逐层向上进行验证,最终到达根 CA。数字证书的验证过程通常是一个复杂的流程,普遍由应用程序和 PKI 系统自动完成,无须用户手工操作。

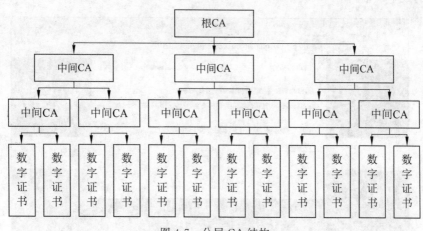

图 4-7　分层 CA 结构

(3) 数字证书使用:成功对数字证书完成验证后,即可提取数字证书中的公钥,并使用该公钥和其所有者进一步进行密钥交换和加密通信。

(4) 数字证书存储:数字证书在成功通过验证后,可以存储在本地,以便日后进行重复验证和使用。由于数字证书使用了数字签名技术进行安全保护,因此可以直接存储在不可靠的存储介质中。

3）数字证书的撤销

当数字证书主体的身份信息发生变化时，或者数字证书中公钥所对应的私钥丢失、泄露或疑似泄露时，数字证书主体应及时向 CA 提交证书撤销申请。CA 收到申请后，应及时对该数字证书进行撤销处理，并将该数字证书的信息发布给 CRL 或 OCSP。当一个数字证书被撤销，意味着其不能再被使用。

4）数字证书的更新

需要更新数字证书中的信息时，由于数字证书的内容发生了变化，CA 需要对其重新进行签名，因此可以认为是重新签发了一个新的数字证书。数字证书的更新原因可能包括公钥变更、有效期变更、扩展信息变更等。

5）数字证书的归档

PKI 系统需要对其签发过的所有数字证书进行归档操作，将这些数字证书的信息进行记录，以便在必要时对历史数字证书进行审计。

 操作与实践

1. 使用浏览器访问带有数字证书的网站，如学校官网、政府网站等，单击地址栏左侧的锁的图标查看网站的数字证书。

以海南大学官网为例，首先使用 Edge 浏览器对网站进行访问，然后单击地址栏左侧的锁的图标。在下拉菜单中选择连接安全，然后单击右上角的证书图标，即可查看海南大学官网的数字证书，如图 4-8 所示。

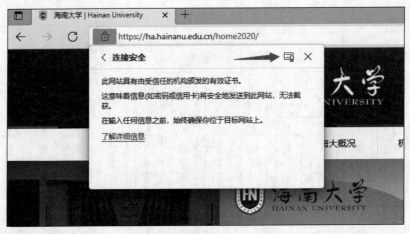

图 4-8　海南大学官网数字证书

2. 在 Windows 操作系统（Windows 7 或更高级别）中，在开始→运行（快捷键 Win＋R）中输入 certmgr.msc 并单击"确定"按钮，即可打开证书管理器，如图 4-9 所示。在证书管理器中可以查看、导入、导出、编辑和删除数字证书（注意：请不要随意删除已信任的数字证书，也不要随意添加来历不明的数字证书）。

图 4-9 Windows 数字证书管理器

思考题

1. 密钥包含哪些生命周期,其中最常用的生命周期是哪些?
2. 对称密钥有哪些分发方法?
3. 什么是 PKI? 它包含哪些组件?
4. 什么是数字证书? X.509 标准的数字证书包含哪些内容?
5. 如何利用数字证书和 PKI 实现非对称密钥分发?

参考文献

[1] 霍炜,郭启全,马原. 商用密码应用与安全性评估[M]. 北京:电子工业出版社,2020.

[2] 李子臣. 密码学——基础理论与应用[M]. 北京:电子工业出版社,2019.

[3] STINSON D R. 密码学原理与实践[M]. 冯登国,译. 北京:电子工业出版社,2009.

[4] 杨波. 现代密码学[M]. 北京:清华大学出版社,2007.

第 5 章
密码分析基础

一天，老板 Alice 发现一份急需的商业文件的解密密钥丢失了，于是找来 Bob 解决密钥丢失问题。当拿到密文文件时，Bob 需要做的工作是如何破译这份密文文件，此时 Bob 要进行密文分析将面临以下问题。

（1）能否选取一部分密文进行分析，进而破解出加密的密钥？此时可以利用破译的信息较少，是否有更多的信息用于破译呢？

（2）进一步分析，是否有一些密文对应的明文是知道的或者是可以猜测出来的？

（3）更进一步分析，在已知的明文和其对应的密文片段中，能否找到有利于破译的片段，或者知道加密算法？

（4）如果既知道一些有利于破译的明文-密文片段，又知道加密算法，就可能推出加密的密钥或者等效密钥。

从上述几个问题可以看出，这几个问题的破译难度是从难到易的，也是一个密码破译的分析过程。

本章将开启密码算法的破解之路。首先学习密码分析的概念和目标、攻击者类型以及密码分析方法，其次学习古典密码的分析方法及实例，最后介绍密码设备的侧信道攻击方法。

密码学包括密码编码学和密码分析学两部分。密码编码学是研究设计构造一个符合规定安全要求的密码系统，即如何设计相应的加密和解密算法、密钥和安全协议，使得密码系统能够达到所需要的安全性。密码分析学是研究在解密密钥和密码体制未知的情况下如何恢复明文的科学。这两部分既对立又统一，正是这两者的对立和统一推动了密码学的发展。密码分析学的具体内容涉及很多数学和计算机的知识，本章将从密码分析的概念、基本原理及方法等进行阐述。

5.1 密码分析介绍

本节主要介绍密码分析的基本原理和概念等。密码分析也称密码破译，是密码分析人员在系统密钥未知的情况下设法破解系统的密钥或者获取明文的过程。一个成功的密码分析不仅能够恢复明文消息和密钥，而且能够发现密码体制的弱点，从而控制通信。加密与破译始终是一对"孪生"的问题，随着密码技术的出现，也出现了各种试图对密码进行破译的技术和方法。原则上,密码分析是攻击者为了窃取机密信息所做的事情,但是这同时也是密码体制设计者的工作。当然,设计者的目的是分析体制的弱点,提高密码体制的安全强度。密码技术就是在与密码破译技术的对立矛盾中不断发展、前进的。此外,密码分析在外交、军事、公安、商业等方面都具有重要作用,也是研究历史、考古、古语言学和古乐理论的重要手段之一。

如果密码分析者可以仅由密文推出明文或密钥,或者可以由明文和密文推出密钥,那么就称该密码系统是可破译的。相反,则称该密码系统是不可破译的。

密码设计和密码分析是共生的,又是互逆的,两者密切相关但追求的目标相反。两者解决问题的途径有很大差别。密码设计,特别是在现代密码体制中,主要利用数学构造密码。密码分析除依靠数学、工程背景、语言学等知识外,还要靠经验、统计、测试、眼力、直觉判断能力等,有时还靠运气。

一个密码体制是安全的,其前提是假设密码分析者已经知道了密码体制的具体算法,即密码体制的安全性仅应依赖于对密钥的保密性,而不应依赖于对算法的保密,符合柯克霍夫原则。这一原则是密码系统设计的重要原则之一,是荷兰密码学家柯克霍夫于1983年在著名的《军事密码学》中提出的一个重要原则:密码系统法即使为密码分析者所知,也应该难以从截获的密文中推导出明文和密钥。只有在假设攻击者对密码算法有充分的研究,并且拥有足够的计算资源的情况下仍然安全的密码,才是安全的密码系统。总之,"一切秘密寓于密钥之中"。

5.1.1　密码分析的目标

密码分析的目标是研究发现、开发和纠正密码算法本身的弱点,根据这些弱点不但可以对密码进行破译,还有助于设计更好的密码算法。密码攻击的目标有不同的层次,可以分为如下 4 种。

1. 完全攻破(Total Break)
发现密码系统所用的密钥,使得所有密文均可破译,并且攻击者可以按照自己的需要产生假冒的密文。

2. 全局演绎(Global Deduction)
攻击者找到解密算法的一个等价算法,无须密钥便可进行解密。

3. 局部演绎(Local Deduction)
攻击者发现一个或多个密文所对应的明文,这将为发现实际使用的密钥提供线索,对有些算法还可实施完整性攻击。

4. 信息演绎(Information Deduction)
密码分析者发现了与实际系统使用的密钥或明文有关的信息,如密钥的部分、明文的格式甚至是一些关键词等,这些信息将有助于进一步进行密码分析。

5.1.2　密码分析的攻击者类型

开展密码分析研究是遵循柯克霍夫原则的,且以获取密码算法的密钥为目标。在信息的传输过程中,除了信息合法的接收者,还可能存在通过各种手段截获信息的第三方窃听(截获)者。他们虽然不知道密码系统的加密密钥,但通过分析手段可能会从截获的密文推断出原来的明文,这一行为称为密码分析或密码攻击。

根据密码分析者破译时对密码系统的明文、密文等数据资源的掌握程度,通常密码分析的攻击者类型分为以下 4 种。

1. 唯密文攻击(Ciphtext-Only Attack)

唯密文攻击是指攻击者只有一段或几段由相同密钥和加密系统加密的密文信息,记为 $c_1, c_2, \cdots, c_n$。密码分析的任务是从这些密文信息中获得相应的明文,记为 $p_1, p_2, \cdots, p_n$;或者破译出加密系统或算法 E_k 相应的密钥或等效的密钥,记为 k。这种类型的密码分析攻击可表述为

已知: $c_1 = E_k(p_1), c_2 = E_k(p_2), \cdots, c_n = E_k(p_n)$。

目标: 推导出 $p_1, p_2, \cdots, p_n$ 或密钥 k。

由于密码分析者所能利用的数据资源仅为一些密文,因此可用的信息量较少,这是对密码分析者最不利的情形。

2. 已知明文攻击(Plaintext-Known Attack)

已知明文攻击是指攻击者不但获取了一些密文,还有这些密文对应的明文,即一些"明文-密文对",分别记为 $p_1, p_2, \cdots, p_n$ 和 $c_1, c_2, \cdots, c_n$。密码分析的目标是利用"明文-密文对"推出加密系统或算法 E_k 的密钥或等效密钥 k,并对新的密文信息进行解密。这种类型的攻击常常是合理的,其表述为

已知: p_1 和 $c_1 = E_k(p_1), p_2$ 和 $c_2 = E_k(p_2), \cdots, p_n$ 和 $c_n = E_k(p_n)$。

目标: 推导出密钥 k,或获得从新截获的密文 c_{n+1} 推出对应明文 p_{n+1} 的算法即通过 $c_{n+1} = E_k(p_{n+1})$ 推导出 p_{n+1}。

3. 选择明文攻击(Chosen-Plaintext Attack)

在选择明文攻击中,密码攻击者不仅可得到"明文-密文对",还可以选择对破译有利的一些"明文-密文对",明文记为 $p_1, p_2, \cdots, p_n$,密文记为 $c_1, c_2, \cdots, c_n$。密码分析者的目标也是利用"明文-密文对" $p_1 \text{-} c_1, p_2 \text{-} c_2, \cdots, c_n \text{-} p_n$ 推出加密系统或算法 E_k 的密钥或等效密钥 k,且可对新的密文消息进行解密。这种类型的密码分析攻击可表述为

已知: p_1 和 $c_1 = E_k(p_1), p_2$ 和 $c_2 = E_k(p_2), \cdots, p_n$ 和 $c_n = E_k(p_n)$,其中 $p_1, p_2, \cdots, p_n$ 可由密码分析者选定。

目标: 推导出密钥 k,或获得从新截获的密文 c_{n+1} 推出对应明文 p_{n+1} 的算法,即通过 $c_{n+1} = E_k(p_{n+1})$ 推导出 p_{n+1}。

与已知明文攻击相比,选择明文攻击更有效,因为攻击者可以选择一些特殊的明文进行加密,这些明文可以暴露出更多与密钥有关的信息。在日常的计算机文件系统和数据库系统中,此类攻击最容易遇见,原因是用户可以任意选择明文并获得相应的密文文件和密文数据库。

4. 选择密文攻击(Chosen-Ciphertext Attack)

选择密文攻击是指攻击者可以选择一些有利于破译的密文信息及相应的明文,分别

记为 $c_1, c_2, \cdots, c_n$ 和 $p_1, p_2, \cdots, p_n$。密码分析者的目标是利用选择的 $p_1\text{-}c_1, p_2\text{-}c_2, \cdots,$ $c_n\text{-}p_n$ 推出加密系统或算法 E_k 的密钥或等效密钥 k。这种密码分析主要用于攻击公钥密码体制。例如,攻击者可以通过访问该密码系统的自动解密装置,产生任何密文所对应的明文。这种类型的密码分析攻击可表述为

已知: c_1 和 $p_1 = D_k(c_1)$, c_2 和 $p_2 = D_k(c_2)$, $\cdots$, c_n 和 $p_n = D_k(c_n)$,其中 $c_1, c_2, \cdots,$ c_n 可由密码分析者选定。

目标:推导出密钥 k。

选择明文攻击和选择密文攻击经常一起使用,被称为选择文本攻击。在以上密码分析攻击中,对攻击者来说,唯密文攻击是最困难的,因为分析者可利用的信息最少,因此攻击的强度最弱,其他攻击强度依次递增。一般认为,如果一个加密系统无法抵御唯密文攻击,该系统就无任何安全性可言;如果该加密系统能够抵御选择密文攻击,那么它当然能够抵御其余 3 种攻击。最常见的是已知明文攻击和选择明文攻击。

事实上,攻击者要得到一段明文或加密一段选择好的明文并不困难。例如,对程序源代码的加密,其中都包含一些关键字,攻击者可以利用这些代码关键字等。攻击者利用类似源代码这样的具有标准的头部、尾部的关键字,更容易解密。从技术角度看,对密码破译者较为有利且容易具备的条件是选择明文攻击。因此,一个好的密码算法必须满足能够抵抗选择文本攻击。

5.1.3 密码分析方法的评价

在现代密码分析学中,衡量一种密码攻击方法是否有效的标准,除了能成功获取密钥或等效密钥外,还要确保其攻击复杂度比穷举攻击的计算复杂度低。针对一种密码攻击方法的有效性和复杂性,主要从时间、空间、数据等几个方面的指标综合衡量,具体如下。

(1) 时间复杂度:完成攻击所需要的时间,包括数据采集时间和分析处理时间,为统一不同设备运算频率的不同,一般用加解密的次数进行衡量。

(2) 空间复杂度:用进行攻击所需要的存储空间大小进行衡量。

(3) 数据复杂度:用攻击者所需要收集的数据总量进行衡量。

(4) 成功概率:攻击者实施攻击后成功恢复密钥的概率。

攻击的复杂性取决于以上因素的最小复杂度,在实际实施攻击时往往要考虑这种复杂性的折中,如存储需求越大,攻击可能越快。此外,计算复杂度越高也表示加密系统的安全性越好。在密码分析中,计算复杂度或攻击复杂度通常是指时间复杂度和空间复杂度。

5.2 密码分析

针对密码分析,本节主要从密码分析方法以及这些分析方法在古典密码分析、密码算法分析等方面阐述,具体介绍如下。

5.2.1 密码分析方法

目前,密码分析方法主要有穷举攻击、统计分析、线性密码分析、差分密码分析及侧信道攻击,具体介绍如下。

1. 穷举攻击

穷举攻击方法也称为暴力攻击,是从事密码分析方法研究者的一个基本参考点。这种攻击方法是对截获到的密文尝试遍历所有可能的密钥,直到获得一个有意义的明文;在公钥密码体制中,使用已知或公开的密钥对所有可能的明文进行加密,直到其计算出的结果与截获的密文一致。

穷举攻击的基本思想:假设密钥长度为 n,密钥空间的复杂度为 2^n,如果穷举所有可能的密钥,理论上就可以攻破密码算法,分析的时间复杂度为 2^n。显然,穷举攻击方法的破译代价与密钥空间的大小成正比,攻击者只要有充足的计算资源,该方法总是可以成功的。穷举攻击所花费的时间等于尝试次数乘以一次解密所需的时间。对于任何已知密码算法的密码,只要攻击者有足够多的计算资源,此种方法就是可以成功的。所以,穷举攻击是一种进行密码分析研究所依赖的最基本的密码系统攻击方法。

对穷举攻击的优化方法是:首先将密钥空间分割成很多块,然后将它们分配到多个处理器或计算机,这是对穷举攻击唯一的实际优化,其本质是利用了并行处理的思想。例如,第 1 个处理器尝试破译所有前 4 位为 0000 的密钥,第 2 个处理器破译所有前 4 位为 0001 的密钥……直到第 16 个处理器尝试破译所有前 4 位为 1111 的密钥。

1997 年 6 月 18 日,美国科罗拉多州以 Rocke Verser 为首的一个工作小组宣布,通过互联网利用数万台微机历时 4 个多月,采用穷举攻击破译了 DES 密码算法,这是穷举攻击的一个很好的例证。穷举攻击的一个主要特点是:它总是保证经过一段时间后正确的密钥可以被找到,这一点对其他分析技术来说不一定成立,特别是基于统计方法的密钥恢复技术。另一个优点是它易于执行,这带来了一些额外的好处,比如易于优化。对抗穷举攻击的方法有增加密钥长度、增强加密算法的计算复杂度、增加冗余明文-密文对等。

2. 统计分析

统计分析攻击方法是密码分析者利用明文、密文和密钥的统计规律破译密码的方法。利用统计分析方法进行攻击时,密码分析者对截获的密文进行统计分析,获取它的统计规律,并与明文的统计规律进行对照比较,从中得到明文和密文的对应关系或变换信息,最终得到明文或者密钥。例如,在经典的换位密码、置换密码体制中,可通过分析单字母、双字母、三字母等的频率和其他统计特性破译密文。对抗统计分析攻击的主要方法是尽可能使明文的统计特性不带密文信息,以此达到破坏密文统计规律的目的,即把明文和密文的统计特性扩散到整个密文,进而使密文呈现出极大的随机性,达到破坏统计分析攻击的目的。目前,能够抵抗统计分析攻击已经被认为是现代密码方法设计要达到的一项基本要求。

3. 线性密码分析

日本学者 M.Matsui 首次在分析 DES 时对线性密码分析的方法进行了详细描述,即利用明文、密文和密钥之间的线性关系恢复部分密钥比特。线性密码分析是一种已知明文攻击,即密码分析者能获得当前密钥下的一些明文-密文对,通过建立明文、密文和密钥的某些比特之间的线性关系作为区分器,统计轮函数中各个组件的线性关系以及它们之间成立的概率,然后使用轮函数的线性逼近计算成立概率,进而得到明文、密文和密钥之间的不平衡线性逼近,恢复部分密钥比特。它也是一种统计分析方法,不能保证适用于所有情况,但在大多数情况下都是可行的。结合其他分析方法或者辅助技术,攻击者经常可以扩展这种攻击,进而获得更多的密钥比特信息。线性密码分析的数学表达式为

$$P_{i_1} \oplus P_{i_2} \oplus \cdots \oplus C_{j_1} \oplus C_{j_2} \oplus \cdots = K_{k_1} \oplus K_{k_2} \oplus \cdots$$

其中,$i_1, i_2, \cdots, j_1, j_2, \cdots, k_1, k_2, \cdots$,表示固定位置。

4. 差分密码分析

差分密码分析是一种选择明文攻击,与线性密码分析相比,它在实际应用中更可行,它是由 Biham 和 Shamir 于 1990 年提出的,最初也是用来分析 DES 的。现在它是针对迭代密码算法较有效的攻击方法之一。与线性密码分析一样,差分密码分析也是概率攻击,其基本思想是:通过分析明文对的差分值对密文对的差分值的影响恢复某些密钥比特,然后对剩余的密钥比特使用穷举搜索获得。它主要研究的是加密过程中,明文对或中间状态对差分逐轮的扩散情况,而不是一次加密。这里的差分是明(密)文对的异或值。在差分密码分析的基础上,又发展出截断差分、高阶差分、不可能差分和矩形攻击等多种分析方法。

5. 侧信道攻击

当密码算法在硬件设备及软件系统应用时,攻击者一旦可以访问加密设备,就可以通过对设备实际操作的执行时间、能量消耗或电磁辐射等特征进行测量,如果这些特征的变化在一定程度上依赖于密钥,那么攻击者可能将此密码破解。目前,侧信道攻击方法给密码设备的安全问题带来非常严重的威胁。

5.2.2　古典密码分析

古典密码是密码学的早期发展阶段,其思想比较简单而且其容易破译。由于古典密码便于理解密码分析的思想,故把它单独列出来,并进行较为详细的分析。

在一定的条件下,古典密码体制中的任何一种方法都是可以破译的。面对已知明文攻击,移位密码、仿射密码、置换密码、维吉尼亚密码等都是十分脆弱的。即使使用唯密文攻击,大多数古典密码体制依然很容易被攻破。鉴于古典密码大都是用来保护基于英文语言表达的信息,所以英文语言的统计分析是攻击古典密码的有力工具,使得大多数古典密码体制都不能很好地隐藏明文消息的统计特征。

这里将针对单表替代密码,利用英文语言的统计特性和密码特征,运用唯密文攻击或

已知明文攻击等方式介绍古典密码的基本分析方法。

单表替代密码通过一个固定的替换表进行加解密,任何一个明文字母在替换表中都对应一个固定的替代字母(密文)。对于这种古典密码,加法密码和乘法密码的密钥量比较小,可利用穷举密钥的方法进行破译。面对数百上千级别的密钥,对于古代分析者企图用穷举全部密钥的方法破译密码可能会有一定困难,但是随着计算机的出现,这一问题很容易解决。

事实上,密文字母表也只是明文字母表的众多排列中的一种。设明文字母表包含 n 个字母,则共有 $n!$ 种排列。对于明文字母表为英文字母表的情况,密文字母表共有 26! 种。由于密钥词组代替密码的密钥词组的选择具有任意性,因此,这 26! 种字母排列表的大部分都有可能被用作密文字母表,即使借助计算机以穷举攻击方式进行破解,也是很困难的。

穷举破解不是攻击密码的唯一方法。一旦密文的消息足够长,密码分析者便可利用语言的统计特性进行分析,任何自然语言都有许多固有的统计特性,如果语言的这种统计特性在明文中有所反映,密码分析者便可通过分析明文和密文的统计规律而破译密码。许多著名的古典密码都可利用统计分析的方法进行破译。通过对大量英文语言的研究可以发现,每个字母出现的频率不一样,e 出现的频率最高。如果所统计的文献足够长,便可发现各字母出现的频率比较稳定,而且只要不是太特殊的文献,不同文献统计出的频率大体一致,如表 5-1 所示。应该指出的是,由于用于统计的明文长度不同以及明文的内容类型不同,如诗歌、小说、科技文献等,不同文献中 26 个英文字母出现的频率可能略有差别。

表 5-1　26 个英文字母出现的频率统计表

字　　母	出 现 频 率	字　　母	出 现 频 率
a	0.0856	n	0.0707
b	0.0139	o	0.0797
c	0.0279	p	0.0199
d	0.0378	q	0.0012
e	0.1304	r	0.0677
f	0.0289	s	0.0607
g	0.0199	t	0.1045
h	0.0528	u	0.0249
i	0.0627	v	0.0092
j	0.0013	w	0.0149
k	0.0042	x	0.0017
l	0.0339	y	0.0199
m	0.0249	z	0.0008

通过对 26 个英文字母出现频率的分析,可得以下结果。

（1）字母 e 出现的频率最大，约为 0.13。

（2）出现频率为 0.05～0.1 的字母集合为 $\{t,a,o,i,n,s,h,r\}$。

（3）出现频率为 0.04 附近的字母集合为 $\{d,l\}$。

（4）出现频率为 0.013～0.029 的字母集合为 $\{c,u,m,w,f,g,y,p,b\}$。

（5）出现频率小于 0.01 的字母集合为 $\{v,k,j,x,q,z\}$。

在密码分析中，除了考虑单字统计特性外，掌握双字母、三字母的统计特性以及字母间的连缀关系等信息也是很有用的。

出现频率最高的 30 个双字母组合依次是 th he in er an re ed on es st en at to nt ha nd ou ea ng as or ti is et it ar te se hi of。

出现频率最高的 20 个三字母组合依次是 the ing and her ere ent tha nth was eth for dth hat she ion int his sth ers ver。

特别地，the 出现的频率几乎是 ing 的 3 倍，这在密码分析中很有用。此外，统计资料还表明：以 t,a,s,w 为起始字母的英文单词约占一半；以 e,s,d,t 字母结尾的英文单词超过一半。

以上这些统计数据是通过非专业性文献中的字母进行统计得到的，对于密码分析者来说，这些都是十分有用的信息。除此之外，密码分析者对明文相关知识的掌握对破译密码也是十分重要的。

字母和字母组的统计数据对于密码分析者是十分重要的，因为它们可以提供有关密钥的许多信息。例如，对于字母 e 的出现频率较其他字母的出现频率高得多，如果是单表替代密码，可以预计大多数密文都将包含一个频率比其他字母都高的字母。当出现这种情况时，猜测这个字母所对应的明文字母为 e，进一步比较密文和明文的各种统计数据及其分布，便可确定密钥，从而破译单表替代密码。

下面通过一个具体实例说明如何借助英文语言的统计规律破译单表替代密码。

【例 5-1】　设某段明文经单表替代密码加密后的密文如下

YIFQ FMZR WQFY VECF MDZP CVM R ZWNM DZVE JBTX CDDUMJ

NDIF EFMD ZCDM QZKC EYFC JMYR NCWJ CSZR EXCH ZUNMXZ

NZUC DRJX YYSM RTMEYIFZ WDYV ZVYF ZUMR ZCRW NZDZJJ

XZWG CHSM RNMD HNCM FQCH ZJMX JZWI EJYU CFWD JNZDIR

试分析出对应的明文。为了表述更加清楚，本例的密文用大写字母表示，明文用小写字母表示。

解：这里将加密变换记为 E_k，解密变换记为 D_k，本段密文共有 168 个字母。要破解上述密文，需要以下三步。

第一步：统计出密文中各个字母的出现次数和频率，如表 5-2 所示。

第二步：从出现频率最高的几个字母、双字母组合及三字母组合开始，并假定它们是英文语言中出现频率较高的字母及字母组合对应的密文，逐步推测出各密文字母对应的明文字母。

表 5-2　例 5-1 密文中各英文字母的出现次数和出现频率

字　母	出现次数	出现频率	字　母	出现次数	出现频率
A	0	0.000	N	9	0.054
B	1	0.0006	O	0	0.000
C	15	0.089	P	1	0.006
D	13	0.077	Q	4	0.024
E	7	0.042	R	10	0.060
F	11	0.065	S	3	0.018
G	1	0.006	T	2	0.012
H	4	0.024	U	5	0.030
I	5	0.030	V	5	0.030
J	11	0.065	W	8	0.048
K	1	0.006	X	6	0.036
L	0	0.000	Y	10	0.060
M	16	0.095	Z	20	0.119

(1) 由表 5-2 可知,密文字母 Z 出现的次数多于任何其他密文字母,出现频率约为 0.12。结合统计表 5-1,猜测出 $D_k(Z)=e$;除 Z 外,出现频率至少 10 次的字母有 C,D,F, J,M,R,Y,它们出现的频率基本为 0.06~0.095,则可以猜测这些密文字母可能对应的明文字母集合为{t,a,i,n,o,r,h,s}中的某一个。

(2) 假设 $D_k(Z)=e$ 是正确的,则需要密文中带 Z 的双字母出现的情况,包括 Z 在前和在后两种情况,如表 5-3 所示。

表 5-3　例 5-1 密文中包含 Z 的双字母出现次数

Z-	出现次数	-Z	出现次数
ZW	4	DZ	4
ZU	3	NZ	3
ZR	2	RZ	2
ZV	2	HZ	2
ZC	2	XZ	2
ZD	2	FZ	2
ZJ	2		

由表 5-3 可知,出现 4 次的有 DZ 和 ZW,出现 3 次的有 NZ 和 ZU,而 RZ、HZ、XZ、FZ、ZR、ZV、ZC、ZD、ZJ 都出现 2 次。

由于 ZW 出现了 4 次,而 WZ 一次也未出现,同时结合表 5-2 中 W 出现的概率为 0.048,因此可以猜测 $D_k(W)=d$。

由于 DZ 出现 4 次,ZD 出现 2 次,可以猜测密文 D 的明文可能的集合为{r,s,t},但还无法确定。

（3）假设 $D_k(Z)=e$ 和 $D_k(W)=d$ 成立，继续分析 ZRW 和 RZW，并且还出现了 RW，这里还发现 R 在密文中频繁出现，而 nd 是一个明文中常见的双字母组合，所以可以猜测 $D_k(R)=n$。

（4）至此，推测出 3 个密文字母可能对应的明文字母，其对应关系如下。

YIFQFM*ZRW*QFYVECFMD*Z*PCVM*RZW*NMD*Z*VEJBTX
　　　　 end　　　　 e　　 ned　　 e

CDDUMJNDIFEFMD*Z*CDMQ*Z*KCEYFCJMY*R*NC*W*JCS*Z*
　　　　　　　　 e　　 e　　　　 n　 d　 e

*R*EXCH*Z*UNMX*Z*N*Z*UCD*R*JXYYSM*R*TMEYIF*Z*WDYV*Z*
n　　 e　　 e　 e　 n　　 n　　　 ed　　 e

VYF*Z*UM*RZ*C*RW*NZDZJJX*Z*WGCHSM*R*NMDHNCMFQ
　　 e　 n　 nd e　 e　　 ed　　 n

CH*Z*JMXJ*Z*WIEJYUCF*W*DJN*Z*DI*R*
　 e　　 ed　　 d　 e　 n

注：第一行大写表示密文，斜体表示可能破译出来的密文；第二行是密文字母可能破译出来的内容，下同。

由于 NZ 是密文中出现次数较多的双字母组合，而 ZN 又未出现，因为 N 的出现频率为 0.054，所以可以猜测 $D_k(N)=h$。假设 $D_k(N)=h$ 正确，依据一个明文片段 ne-ndhe（neCnde），且密文 C 出现的频率为 0.089，结合表 5-1 及组合字母出现频率分析结果，可以猜测 $D_k(C)=a$。

（5）假设 $D_k(N)=h$ 和 $D_k(C)=a$ 成立，至此我们已经猜测出 5 个密文字母的明文，则明文和密文对应情况如下。

YIFQFM*ZRW*QFYVE*C*FMD*Z*PCVM*RZW*NMD*Z*VEJBTX
　　　　 end　　　 a　 e a　 nedh　 e

*C*DDUMJ*N*DIFEFMD*Z*CDMQ*Z*K*C*EYF*C*JMY*R*NC*W*JCS*Z*
a　 h　　　 ea　　 e a　　 a　 nh ad ae

*R*EX*CH*Z*UNMX*Z*N*Z*UCD*R*JXYYSM*R*TMEYIF*Z*WDYV*Z*
n　 a eh　 ehe an　　 n　　　 ed　 e

VYFZUM*RZCRWNZ*DZJJX*Z*WGCHSM*R*NMDH*NC*MFQ

　　e　nea nd he e　 ed a　 nh　 ha

*CH*Z*JM*X*JZW*IEJYU*CFW*D*JN*Z*DI*R*

　　a e　 ed　 ad　 he　 n

接下来考虑单字母出现次数第二的密文字母 M,由带 M 的密文片段 MRNM 对应的明文-nh-,这里就可以认为 n 是一个单词的最后一个字母,而 h 是下一单词的第一个字母,所以 M 最可能是一个元音字母。结合表 5-1 中元音字母出现的频率,可猜测 M 可能是 i 或者 o,这也与第二步中步骤(1)的假设一致。因为明文双字母中 in 出现的频率很高,所以可猜测 $D_k(M)=i$。

下面接着分析明文元音字母 o 可能对应的密文字母,作为一个非常常见的明文字母,o 在表 5-1 中出现频率较高,可能对应密文 D、F、J、Y 中的一个。由文中密文片段 MDZCDM 可知,D 不太可能是 o;又有密文片段 CJM 和 CFM,对应 aoi,也不太可能。因此,猜测 $D_k(Y)=o$。

(6) 假设上述步骤(5)成立,至此我们已猜测出 7 个密文字母对应的明文,则明文和密文对应表可进一步写为

*YI*FQF*MZRW*QFYVE*CFMDZ*PCV*MRZ*W*N*MDZ*VEJBTX↵

o　 i end　 o　 ai　 ea i ne dhi　 e↵

*CD*D*UMJ*NDIFEF*MDZCDM*QZKCE*YFCJM*YR*N*CWJC*SZ↵

a　 i h　 i ea i e a o a i on h ad a e↵

*REX*CH*ZUN*MXZNZ*UC*DRJXYY*SMR*TME*YIFZW*DYV*Z↵

n a e hi i ehe a n　 og in　 o ed o e↵

VYFZUM*RZCRWNZ*DZJJX*Z*WGCHSM*R*NMDH*NC*M*FQ↵

o e i nea nd he e　 ed a　 inh i　 h ai↵

*CH*Z*JM*X*JZW*IEJYU*CFW*D*JN*Z*DI*R*↵

a e i　 ed　 o ad　 he n↵

下面分析剩余的出现次数较多的字母 D、F、J,结合上述步骤(1)的分析结论,可知 $\{D_k(D),D_k(F),D_k(J)\}$ 很可能对应 $\{r,s,t\}$。密文中 NMD 出现两次,且对应明文 hi-,明文三字母组合中 his 属于出现频率较高的组合,故可猜测 $D_k(D)=s$。依据猜测结果

NMD 的明文 his,则密文 HNCMF 对应的明文可能是 chair,即 $D_k(H)=c$,$D_k(F)=r$。所以,也可以猜测 $D_k(J)=t$。

（7）通过以上猜测分析,得到 11 个密文字母的明文,则明文和密文的对应表可更新如下。

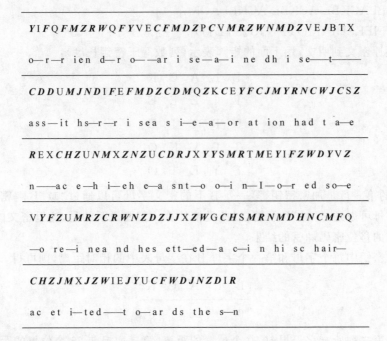

```
Y I F Q F M Z R W Q F Y V E C F M D Z P C V M R Z W N M D Z V E J B T X
o — r — r  ien d — r  o — — ar i  se — a — i  ne dh i  se — t  — — —

C D D U M J N D I F E F M D Z C D M Q Z K C E Y F C J M Y R N C W J C S Z
ass — it  hs — r — i  sea  s  i — e — a — or  at ion had t  a — e

R E X C H Z U N M X Z N Z U C D R J X Y Y S M R T M E Y I F Z W D Y V Z
n — — ac  e — h  i — eh e — a  snt — o  o — i  n — I — or ed so — e

V Y F Z U M R Z C R W N Z D Z J J X Z W G C H S M R N M D H N C M F Q
— o  re — i  nea  nd hes ett — ed — a  c — i  n  hi sc hair —

C H Z J M X J Z W I E J Y U C F W D J N Z D I R
ac et  i — ted — t  o — ar ds the s — n
```

至此,我们已经猜测出本段密文字母中 3/4 的明文。

第三步：利用上述类似的方法,结合日常的英文单词,可以很轻松地确定其余密文字母和明文字母的对应关系。如

$D_k(I)=u$,$D_k(Q)=f$,$D_k(V)=m$,$D_k(E)=p$,$D_k(P)=x$,$D_k(B)=y$,$D_k(T)=g$,$D_k(X)=l$,$D_k(U)=w$,$D_k(K)=v$,$D_k(D)=s$,$D_k(S)=k$,$D_k(G)=b$。

最后将得到的明文加上适当的标点符号,就可以得到如下所示完整的明文。

Our friend from Paris examined his empty glass with surprise,as if evaporation had taken place while he wasn't looking. I poured some more wine and he settled back in his chair,face titled up towards the sun.

上述例子讨论的是破译一般的单表替代密码的统计学分析方法,若已知所采用的密码体制,相应的分析工作则会更加简单。常用的密码形式有加法密码、乘法密码、仿射密码和位移密码等,只要破译一两个密文字母所对应的明文字母,即可通过结合密码体制计算密钥,从而获得所有密文对应的明文。此外,对于这些简单的替代密码,由于密钥量比较小,因此还可以通过穷举攻击的方法破解出密钥。

通过上述例子,总结破译替代密码的基本步骤如下。

（1）利用统计方法计算密文的统计特征,若密文量较大,处理完本步骤就可能得到了大部分密码字母。

（2）分析密文中双字母、三字母的组合,区分元音字母与辅音字母。

（3）对字母较多的密文进行分析时，可以大胆猜测，若猜出一个或几个单词，就会大幅提高破译效率。

【例 5-2】 一个密钥为 BLACK，用 Vigenere 密码加密的明文和密文如下。

明文：execute these vigenere

密钥：BLACKBL ACKBL ACKBLACK

密文：FIEEEUP TJOTP VKQFYETO

为了还原密文到明文，用下面的矩阵表示（列数等于密钥长度）：

B	L	A	C	K
F	I	E	E	E
U	P	T	J	O
T	P	V	K	Q
F	Y	E	T	O

其中，矩阵的第一行是加密密钥，第一列 B 下的密文字母可以通过"减"B 解密；第二列 L 下的密文字母可以通过"减"L 解密，以此类推计算。需要说明的是，这里密文的所有列都是采用不同的移位密码加密的结果。

若考虑密钥中每个字母和第一个字母 B 在字母表中的相对距离，则可得

B	L	A	C	K
0	10	25	1	9

如果把第二列所有字母提前 10 个位置的距离，第三列提前 25 个位置的距离，其他以此方法类推可得以下字母块

F	Y	F	D	V
U	F	U	I	F
T	F	W	J	H
F	O	F	S	F

经过上述处理可得，用密钥 BLACK 加密的明文文本转化为只用 B 加密的密文文本。经过分析可知，上述的处理等价于把基于多表替代密码的解密问题转化为基于单表替代密码的解密问题。

5.2.3 密码算法分析

当前，密码算法主要有序列密码（流密码）、分组密码、公钥密码、Hash 函数和数字签名算法等。每种密码算法都有各自的特性、设计原则及适应范围，这也就产生了不同的密码分析方法。本节简单介绍序列密码和分组密码的密码分析。

1. 序列密码分析

序列密码的设计与分析一直都是密码学中的研究方向之一。20 世纪 40 年代，

Shannon 证明了一次一密体制在唯密文攻击下在理论上的完善保密性,掀起了序列密码研究的热潮,自此序列密码的设计都是围绕如何产生接近完全随机的密钥流序列进行,发展出基于线性反馈移位寄存器(Linear Feedback Shift Register,LFSR)的若干设计范例,许多基于此而设计的序列密码纷纷被提出。在欧洲 NESSIE 和 eSTREAM 计划之后,序列密码的分析出现了基于 LFSR 线性性质而发展的(快速)相关攻击与(快速)代数攻击等。研究分析这些序列密码体制的安全特性尤为重要,例 5-3 介绍了序列密码分析。

【例 5-3】 假设 Eve 得到密文串

$$1011101011110010$$

和相应的明文串

$$0110011111111000$$

则计算出密钥流比特是

$$11010010000100$$

假定 Eve 知道密钥流是使用 5 级 LFSR 产生的,那么利用前面 10 个比特可得到如下的方程组。

$$(0,1,0,0,0)=(c_0,c_1,c_2,c_3,c_4)\begin{bmatrix} 1 & 1 & 0 & 1 & 0 \\ 1 & 0 & 1 & 0 & 0 \\ 0 & 1 & 0 & 0 & 1 \\ 1 & 0 & 0 & 1 & 0 \\ 0 & 0 & 1 & 0 & 0 \end{bmatrix}$$

Eve 可求得

$$\begin{bmatrix} 1 & 1 & 0 & 1 & 0 \\ 1 & 0 & 1 & 0 & 0 \\ 0 & 1 & 0 & 0 & 1 \\ 1 & 0 & 0 & 1 & 0 \\ 0 & 0 & 1 & 0 & 0 \end{bmatrix}^{-1} = \begin{bmatrix} 0 & 1 & 0 & 0 & 1 \\ 1 & 0 & 0 & 1 & 0 \\ 0 & 0 & 0 & 0 & 1 \\ 0 & 1 & 0 & 1 & 1 \\ 1 & 0 & 1 & 1 & 0 \end{bmatrix}$$

则可解得

$$(c_0,c_1,c_2,c_3,c_4)=(0,1,0,0,0)\begin{bmatrix} 0 & 1 & 0 & 0 & 1 \\ 1 & 0 & 0 & 1 & 0 \\ 0 & 0 & 0 & 0 & 1 \\ 0 & 1 & 0 & 1 & 1 \\ 1 & 0 & 1 & 1 & 0 \end{bmatrix}=(1,0,0,1,0)$$

2. 分组密码分析

分组密码因其安全高效的特点而在密码学中得到广泛应用。20 世纪 90 年代,随着密码分析技术的发展和计算能力的提高,人们意识到 56 位密钥的 DES 已不能满足高速发展的信息时代的加密需求。1997 年,美国国家标准与技术研究所(NIST)启动了 AES 计划,并最终选用比利时密码学家设计的 Rijndael 算法作为新的加密标准。随后,欧洲在 2000 年启动了 NESSIE 计划并制定了一系列算法标准。这些计划的兴起使得对分组密码的研究从经验设计走向理论评估的道路,分组密码的设计理论和分析理论都飞速发展。同时,分组密码理论的发展也带动了相关领域其他分支的发展。

分组密码的设计与分析是两个既相互对立又相互依存的研究方向,正是由于这种对立促进了分组密码的飞速发展。早期的研究基本上是围绕 DES 进行的,推出了许多类似DES 的密码,如 LOKI、FEAL、GOST 等。进入 20 世纪 90 年代,人们对 DES 类密码的研究更加深入,特别是差分密码分析和线性密码分析的提出,迫使人们不得不研究新的密码结构。IDEA 密码的出现打破了 DES 类密码的垄断局面,IDEA 密码的设计思想是混合使用来自不同代数群中的运算。随后出现的 Square、Shark 和 Safer-64 都采用了结构非常清晰的代替-置换网络(SPN),每一轮由混淆层和扩散层组成。对分组密码的攻击方法有很多,其中最基本的攻击方法是线性密码分析和差分密码分析。

5.2.4 侧信道攻击

密码系统需要由一个物理设备所承载,使用软件或硬件的方式实现加密、解密、认证签名等功能。但其并不是一个只有输入明文-输出密文或输入密文-输出明文的黑盒子,在其运行过程中可能发出声音,不同的运算操作引起物理量(如电流、电压、电磁辐射、执行时间、温度等)的变化,包括引起状态指示灯亮度的变化等。密码设备在运算操作过程中,会由于自身偶然性问题,或者受到干扰而出错,这些不加保护措施的"无意识"输出,很可能导致密码系统被攻破。这类"无意识"输出的信息通常被称为旁路信息,利用旁路信息对密码系统进行攻击称为侧信道攻击,也可将其称为旁信道攻击或边信道攻击。

侧信道攻击(Side Channel Attack,SCA)由美国密码学家 P.C. Kocher 于 20 世纪 90年代末提出,是一种针对密码实现(包括密码芯片、密码模块、密码系统等)的物理攻击方法。这种攻击方法本质上是利用密码实现在执行密码相关操作的过程中产生的侧信道来恢复密码实现中所使用的密钥。其中,这里的侧信道信息(Side Channel Information)指除攻击者通过除主通信信道以外的途径获取的关于密码实现运行状态相关的信息,典型的侧信道信息包括密码实现运行过程中的能量消耗、电磁辐射、运行时间等信息。

侧信道攻击是基于密码系统实现的攻击,有极强的攻击能力。与基于数学理论的密码分析相比,侧信道攻击的效果要高出若干数量级,且攻击成本低,便于实施,对密码系统构成极大的实际威胁。目前,侧信道攻击和防御是密码学界的一个研究热点。目前被用于侧信道攻击的信息主要包括如下几种。

1. 时间泄露

密码算法执行的时间发生变化时,执行的指令往往是与数据相关的。例如,Montgomery 乘法的最后一步,当结果大于模时,要执行一次减法。

2. 功耗泄露

密码设备的瞬时能量消耗依赖于设备所输出的数据和执行的操作。因此,可以通过计算密码设备运行时的中间值,并据此估计运行时的功耗大小。在绝大多数密码算法中,密钥会被分割成一些长度较短的子密钥参与计算。因此,在功耗分析中,可以通过穷举一部分子密钥计算相应的中间值,得到相应的理论功耗值,并与实际的功耗值进行比较,从而判断出正确的子密钥。重复几次工作后,便可以容易地得到完整的密钥。

3. 电磁辐射泄露

由于电磁辐射的大小和功耗的大小呈线性关系,因此通过分析设备在运行时发出的电磁辐射,可以用相同的方法进行分析,从而产生电磁辐射分析。由于电磁辐射的采集可以只针对密码电路的某一部分,而功耗采集通常得到的是整个电路的功耗,因此采集电磁辐射得到的侧信道信息比采集功耗得到的信息更干净,噪声更少。相对而言,功耗分析主要应用于接触型密码设备的分析,而电磁辐射分析对难以采集功耗的非接触型密码设备的分析能起到不错的效果。

4. 错误信息

这种攻击是通过一些物理手段干扰密码设备的正常运行,例如电压的强度变化、激光的注入等使密码设备产生运行时的错误,从而出现错误的输出结果,使得原本的密码算法的逻辑被改变。被改变的逻辑很可能轻易被攻破,从而使得原算法被攻破。

 操作与实践

1. 以下是实现凯撒密码的破解代码,试说出其破解原理是什么。

```c
#include <stdio.h>
using namespace std;
int main()
{
    char s[100];   int k;   int i;
    while(~scanf("%s%d", s, &k))
    {
        k%=26;
        for(i = 0; s[i]; i ++)
            s[i] = (s[i] - 'A' + 26 - (k+i + 1)%26)%26 + 'A';
        printf("%s\n", s);
    }
    return 0;
}
```

2. 编程实现置换加密示例的破解。

3. 自由选择不同的对称算法,比如 AES/SM4,实现 CTR 模式加解密。

 思考题

1. 密码系统的攻击手段可以分成几种类型? 哪种类型最强? 为什么?

2. 已知用移位密码加密的密文为 O P A L C E X P Y E Z Q D N T P Y N P N Z X A F E P C,试用穷举搜索法解密。

3. 密码分析方法主要有哪些? 请举例说明。

4. 举例说明序列密码和分组密码的分析方法。

 # 参考文献

[1] STINSON D R. 密码学原理与实践[M]. 2 版. 北京：电子工业出版社,2003.

[2] 刘嘉勇,任德斌,胡勇,等. 应用密码学[M]. 2 版. 北京：清华大学出版社,2014.

[3] SWENSON C. 现代密码分析学——破译高级密码的技术[M]. 黄月江、祝世雄,等译. 北京：国防工业出版社,2012.

[4] 张斌,徐超,冯登国. 流密码的设计与分析：回顾、现状与展望[J]. 密码学报,2016(6)：527-545.

第 6 章
商用密码产品与应用

随着公司信息化程度越来越高,数据安全愈发重要。为提升公司信息安全等级,老板 Alice 决定升级公司信息安全密码保障体系,并指派 Bob 参与建设。Bob 虽然学习了一些密码的基础知识,但是对密码产品了解不多。恰逢 H 市正在举行商用密码产品展览会,Alice 就派 Bob 参会,借此机会深入了解密码产品。在展览会现场,Bob 被琳琅满目的产品震撼了,从来没想到密码产品种类如此丰富,发挥作用如此显著。通过本次商用密码产品展览会,Bob 了解到以下内容。

(1) 商用密码产品从形态上及功能上有哪些类别?

(2) 商用密码产品如何发挥作用? 有哪些具体的应用场景?

本章正如文字版的商用密码产品展览会,可帮助学习商用密码产品与应用的相关知识。首先,从形态和功能两方面,介绍商用密码产品的不同类别,帮助 Bob 从宏观上解决密码产品基本认知的问题。其次,从商用密码标准及应用案例角度,对常见的商用密码产品进行介绍,让 Bob 对具体商用密码产品的应用场景、标准等有更深入的了解,使其具备基本的产品选型知识。纵观技术与产业发展,密码已经从"专属"走向了"全民"。密码技术正以前所未有的广度和深度,在云计算、大数据、物联网、移动互联网、人工智能等领域为国家网络空间安全和数字经济发展保驾护航。作为网络安全的基石,密码应用广泛,"无处不密、处处需密"的密码"泛在化"时代已经来临,密码产品在各行各业发挥着重大的安全支撑作用。

6.1　商用密码产品类别

商用密码产品是指实现密码运算、密钥管理等密码相关功能的硬件、软件、固件或其组合。本节首先介绍商用密码产品的分类以及每类产品的常见实例。

6.1.1　商用密码产品的形态类型

商用密码产品按形态可以划分为 6 类,即软件、芯片、模块、板卡、整机和系统。

软件:指以纯软件形态出现的密码产品,如密码算法软件。

芯片:指以芯片形态出现的密码产品,如算法芯片、安全芯片。

模块:指将单一芯片或多芯片组装在同一块电路板上,具备专用密码功能的产品,如加解密模块、安全控制模块。

　　板卡：指以板卡形态出现的密码产品，如智能 IC 卡、智能密码钥匙、密码卡。

　　整机：指以整机形态出现的密码产品，如网络密码机、服务器密码机。

　　系统：指以系统形态出现，由密码功能支撑的产品，如安全认证系统、密钥管理系统。

6.1.2　商用密码产品的功能类型

　　商用密码产品按功能可以划分为 7 类，即密码算法类、数据加解密类、认证鉴别类、证书管理类、密钥管理类、密码防伪类和综合类。

1. 密码算法类产品

　　密码算法类产品主要指提供基础密码运算功能的产品，包括密码芯片等。

　　密码芯片广泛应用于各类密码产品和安全产品，主要提供基础且安全的密码运算功能。密码芯片的安全能力对于保障整个系统的安全举足轻重。因此，应根据预期的安全服务，以及应用与环境的安全要求，选择支持商用密码算法、达到一定安全等级并取得商用密码产品型号证书的密码芯片。

2. 数据加解密类产品

　　数据加解密类产品主要指提供数据加解密功能的产品，包括服务器密码机、云服务器密码机、VPN 设备、加密硬盘等。

　　服务器密码机是数据加解密类产品的典型代表之一，如图 6-1 所示。其主要提供数据加解密、数字签名验签及密钥管理等高性能密码服务。服务器密码机通常部署在应用服务器端，能够同时为多个应用服务器提供密码服务，使重要数据的保密性、完整性、真实性得到保证。

图 6-1　典型的服务器密码机

　　服务器密码机作为基础密码产品，既可以为安全公文传输系统、安全电子邮件系统、电子签章系统等提供高性能的数据加解密服务，又可以作为主机数据安全存储系统、身份认证系统，以及对称/非对称密钥管理系统的主要密码设备和核心组件，广泛应用于银行、保险、证券、交通、电子商务、移动通信等行业的安全业务应用系统。一些厂家还针对云计算环境的需求,利用虚拟化技术在物理服务器密码机的基础上虚拟出多个逻辑服务器密码机供租户使用。

3. 认证鉴别类产品

认证鉴别类产品主要指提供身份鉴别等功能的产品,包括认证网关、动态口令系统、签名验签服务器等。

认证网关是认证鉴别类产品的典型代表之一。图 6-2 所示为典型的安全认证网关。认证网关主要为网络应用提供基于数字证书的高强度身份鉴别服务,可以有效保护网络资源的访问安全。认证网关是用户进入应用服务系统前的接入和访问控制设备,通常部署在用户和被保护的服务器之间。认证网关的外网口与用户网络连接,内网口与被保护服务器相连,由于被保护服务器通过内部网络与认证网关连接,因此,用户与服务器的连接被认证网关隔离,无法直接访问被保护服务器,只有通过认证网关才能获得服务。同时,认证网关将服务器与外界网络隔离,避免了对服务器的直接攻击。

图 6-2　典型的安全认证网关

认证网关通过身份认证代理实现对全网统一身份认证的支持,保障网络上的用户单点登录全网通行;通过用户权限鉴别,解决用户权限级别划分问题;通过访问控制服务,加强对网络和应用资源的信息安全保障。

4. 证书管理类产品

证书管理类产品主要指提供证书产生、分发、管理功能的产品,包括证书认证系统等。

数字证书也称公钥证书,可以看作网络环境下个人、机构、设备的"身份证",是由证书认证机构签名的包含公钥拥有者信息、公钥、签发者信息、有效期及扩展信息的一种数据结构。数字证书可以按对象分为个人证书、机构证书和设备证书,按用途分为签名证书和加密证书。对数字证书进行管理的系统通常称为"证书认证系统",是证书管理类产品的典型代表。

证书认证系统是对生命周期内的数字证书进行全过程管理的一套软件,如图 6-3 所示,通常包括用户注册管理、证书/证书撤销列表(CRL)的生成与签发、证书/CRL 的存储与发布、证书状态的查询及安全管理等。与这些功能相对应,证书认证系统一般包括证书管理中心和用户注册中心两部分。其中,证书管理中心负责对证书进行管理,如证书/CRL 的签发和更新、证书的作废(注销、撤销或吊销)、证书/CRL 的查询或下载;用户注册中心负责为用户提供面对面的证书业务服务,如证书申请、身份审核。

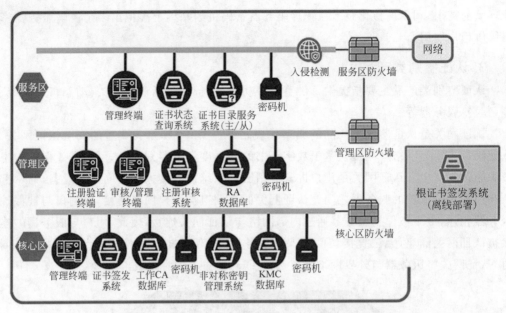

图 6-3　典型证书认证系统部署

5. 密钥管理类产品

密钥管理类产品主要指提供密钥产生、分发、更新、归档和恢复等功能的产品,包括如图 6-4 所示的密钥管理系统等。密钥管理类产品常以系统形态出现,通常包括产生密钥

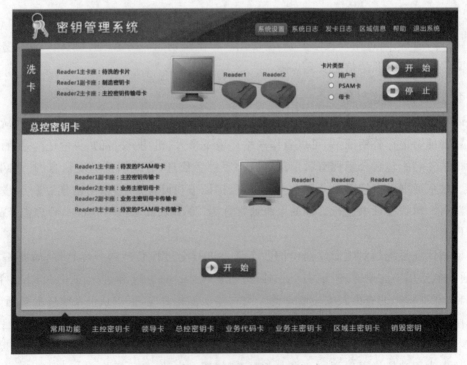

图 6-4　典型的密钥管理系统

的硬件,如密码机、密码卡,以及实现密钥存储、分发、备份、更新、销毁、归档、恢复、查询、统计等服务功能的软件。密钥管理类产品一般是各类密码系统的核心,如同给房子上锁需要保护好钥匙一样。现代密码学的核心理念之一,即密码系统的安全性不取决于对密码算法自身的保密,而取决于对密钥的保密。因此,密钥管理类产品的核心功能是确保密钥的安全性。

典型的密钥管理类产品有金融 IC 卡密钥管理系统、数字证书密钥管理系统、社会保障卡密钥管理系统、支付服务密钥管理系统等,但其核心功能基本一致。数字证书密钥管理系统主要由密钥生成、密钥库管理、密钥恢复、密码服务、密钥管理、安全审计、认证管理等功能模块组成。实际部署时,为保证密钥管理中心和证书认证中心之间的通信安全,双方应当采用具有双向身份鉴别机制的安全通信协议进行交互。

6. 密码防伪类产品

密码防伪类产品主要指提供密码防伪验证功能的产品,包括电子印章系统、支付密码器、时间戳服务器等。

电子印章系统是密码防伪类产品的典型代表之一,图 6-5 为典型的电子印章系统结构图。电子印章系统通常将传统印章与数字签名技术结合起来,采用组件技术、图像处理技术及密码技术,对电子文件进行数据签章保护。电子印章具有和物理印章同样的法律效力,一般在受保护文档中采用图形化的方式进行展现,具有和物理印章相同的视觉效果。盖章文档中所有文字、空格、数字字符、电文格式全部被封装固定,不可篡改。通常,

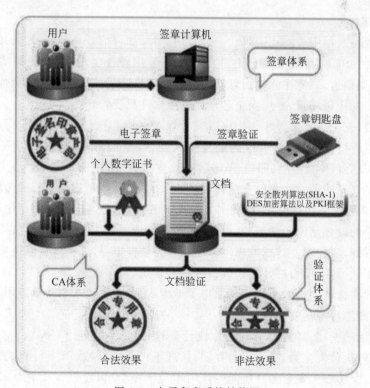

图 6-5　电子印章系统结构图

电子印章系统包括电子印章制作系统与电子印章服务系统两部分。电子印章制作系统主要用于制作电子印章，印章数据通过离线的方式导入电子印章服务系统。电子印章服务系统主要用于电子印章的盖章、验章。用户终端安装客户端软件，可以联网在线应用或离线应用。

7. 综合类产品

综合类产品指提供含上述 6 类产品功能的两种或两种以上的产品，包括自动柜员机（ATM）密码应用系统等。

ATM 密码应用系统用于金融领域，提供账户查询、转账、存/取款、圈存圈提等一系列金融服务。目前很多 ATM 密码应用系统已支持商用密码算法，在物理安全方面配有防窥屏、防窥镜，具有视频监控、密码键盘与强拆数据自毁功能等。

6.2 商用密码产品应用案例

本节从商用密码标准及应用案例角度，对常见的商用密码产品进行介绍，分为产品概述与相关标准规范。在产品概述中，介绍产品的基本概念、技术原理、分类、应用场景等；在相关标准规范中，简要介绍该产品相关的密码行业标准。

6.2.1 安全芯片

1. 产品概述

安全芯片一般指用于实现密码功能的专用芯片，如可信计算芯片、银行 U 盾芯片、嵌入式安全芯片（eSE）等。由于密码芯片内的算法使用硬件实现，算法逻辑难以被修改和反向，在防止侧信道、故障注入等物理攻击方面比软件容易达到更高的安全性，因此，在安全性要求较高的应用场景，专用安全芯片比安全软件更受青睐。

一般来说，安全芯片被看作一个可以安全保存密钥和执行密码算法的黑盒子。通过安全芯片与密码协议相结合，可以完成身份认证、数据加密、操作授权等安全应用。如图 6-6 所示，安全芯片在金融、通信、政务、电力、汽车等领域中被广泛使用，为保障信息系统安全立下了汗马功劳。在金融支付领域，截至 2021 年，我国累计发行的金融 IC 卡芯片已经超过 64.5 亿张。在通信领域，我国人均拥有 SIM 卡 1.3 张，移动用户超过 12 亿人。

安全芯片的设计是密码领域的一个重要研究方向，学术界和工业界都付出了数十年的努力。一方面，我们需要将标准密码算法转化为硬件电路，并实现更高性能、更低功耗、更小芯片面积。另一方面，芯片需要具备抵抗侧信道、故障注入、侵入式攻击等物理攻击方法。学术界在这两个方向的研究都取得了不少成果，大量技术创新被应用于金融 IC 卡芯片、电子护照芯片等高安全芯片。

图 6-7 所示是一个典型的安全芯片设计架构，该芯片实现了 SM2、SM3、SM4 等算法，同时具有随机数发生器、密钥安全存储、物理不可克隆函数（PUF）、测试端口保护、防物理攻击等安全功能。安全芯片所起的作用相当于一个"保险柜"，最重要的密码数据都存储在安全芯片中，通过 SMB 系统管理总线与主处理器和 BIOS 芯片进行通信，然后配

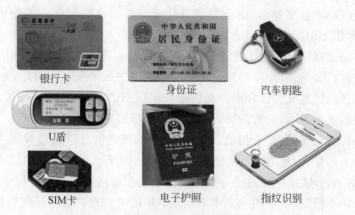

图 6-6　安全芯片的应用场景

合管理软件完成各种安全保护工作。由于密码数据只能输出,不能输入,这样加密和解密的运算在安全芯片内部完成,只是将结果输出到上层,避免了密码被破解。

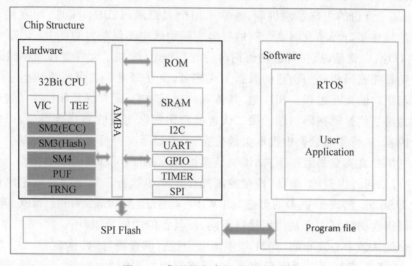

图 6-7　典型的安全芯片设计架构

2. 相关标准规范

在密码行业标准中,与安全芯片产品相关的标准有 1 项,即 GM/T 0008—2012《安全芯片密码检测准则》。该标准将安全芯片密码分为 3 个等级,并对各个等级提出了安全性要求,适用于安全芯片产品的密码检测,也可用于指导安全芯片产品的研发。

6.2.2　智能密码钥匙

1. 产品概述

智能密码钥匙是一种具备密码运算和密码管理能力,可提供密码服务的终端密码设备,其主要作用是存储用户秘密信息(如私钥、数字证书)和用户身份鉴别,完成数据加解密、数据完整性校验、数字签名、访问控制等功能。智能密码钥匙一般使用 USB 接口形态，因此也被称作 USB Token 或者 USB Key。

随着数字证书在网上银行的普及与推广（数字证书实质上表现为带有用户信息和公钥的一个数据文件），如何存储、保护用户私钥及数字证书成为关键。为此，专门用于存储秘密信息的智能密码钥匙成为保存用户私钥及数字证书的最佳载体之一，智能密码钥匙技术也因此得到迅速发展，而且智能密码钥匙支持我国的双证管理机制。

智能密码钥匙与智能 IC 卡相比，相似之处在于两者的处理器芯片基本相同，业内一般统称为智能卡芯片；智能 IC 卡领域的大量技术及标准被智能密码钥匙产品所使用；智能 IC 卡定义的 APDU 指令也同样是智能密码钥匙产品所广泛使用的指令格式。两者的主要不同之处在于智能 IC 卡的主要作用是对卡中的文件提供访问控制功能，与读卡器进行交互；智能密码钥匙作为私钥和数字证书的载体，向具体的应用提供密码运算功能。

典型的智能密码钥匙的外形与普通 U 盘类似，其特征主要包括使用 USB 接口，内置安全智能芯片；有一定的存储空间（一般从几 KB 到几十 MB），可以存储用户私钥及数字证书等数据；具备密码运算能力，能够完成密钥生成和安全存储、数据加密和数字签名等功能；采用基于身份的用户鉴别机制，通常采用个人识别码（PIN）实现；配有供其他应用程序调用的软件接口程序及驱动。有的智能密码钥匙中不仅配有智能 IC 卡芯片，还配有 USB 控制芯片，也就是说，在智能密码钥匙功能基础上，增加了大容量移动存储的功能。

为避免智能密码钥匙为伪造的数据生成签名，交互型电子签名在生成电子签名过程中增加了与用户的交互过程。相应地，具备双向交互功能、配有屏幕和操控按键的智能密码钥匙称为第二代智能密码钥匙。第二代智能密码钥匙每次收到指令以后，可以在内部解析指令内容，从待签名数据中提取关键信息，及时显示在屏幕上供用户确认。如果屏幕显示信息与用户真实交易意图不符，说明信息被篡改，用户可以马上取消操作。如果信息无误，用户可以通过内置的"确认"按键控制操作进一步执行。第二代智能密码钥匙的主机接口除 USB 外，出现了更多的形态，如 WiFi、蓝牙、音频、Lightening、NFC 等，这些新型智能密码钥匙的区别主要是使用接口不同，所具备的功能类似。

中国金融认证中心发布的《2021 年中国电子银行调查报告》数据显示，个人网银用户比例为 40%，手机银行用户比例为 32%，电话银行用户比例为 23%。由于网上银行采用了智能密码钥匙等安全手段，个人电子银行用户对网上银行的安全感评价明显高于手机银行等其他电子银行渠道。

在智能密码钥匙发行阶段，用户向 CA 提供自己的用户信息及签名公钥，CA 核验用户身份后，用自己的私钥对用户信息及签名公钥进行签名，产生用户的数字证书，该证书将被安全存储到用户的智能密码钥匙中并下发给用户。智能密码钥匙的硬件和 PIN 码有效地保护了数字证书的存储和使用。

如图 6-8 所示，在进行网上交易时，用户登录网上银行系统，选择需要进行的银行服务（如转账）；用户确认交易信息后，输入 PIN 码；PIN 码验证正确后，用户将用自己的私钥对交易信息进行签名，并将签名的交易信息、数字证书等发送给网银系统服务器；网银系统服务器利用预置的根 CA 证书验证用户所发送的数字证书的有效性，同时通过 CA 验证用户所发送的数字证书是否被撤销，在确定用户证书有效的情况下，利用用户的签名公钥验证用户签名的交易信息;若验证通过,则执行交易,并返回交易执行成功。

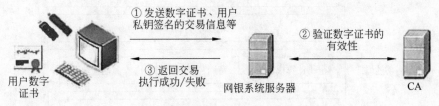

① 发送数字证书、用户
私钥签名的交易信息等

② 验证数字证书的
有效性

③ 返回交易
执行成功/失败

用户数字
证书　　　　　　　　　　　网银系统服务器　　　　　　　　CA

图 6-8　智能密码钥匙在银行系统的应用

2. 相关标准规范

密码行业标准中,已发布 4 项关于智能密码钥匙产品的标准,即 GM/T 0016—2012《智能密码钥匙密码应用接口规范》、GM/T 0017—2012《智能密码钥匙密码应用接口数据格式规范》、GM/T 0027—2014《智能密码钥匙技术规范》和 GM/T 0048—2016《智能密码钥匙密码检测规范》。

6.2.3　密码机

1. 产品概述

密码机是以整机形态出现,具备完整密码功能的产品,通常实现数据加解密、签名/验签、密钥管理、随机数生成等功能。它可供各类应用系统调用,为其提供数据加解密、签名/验签等密码服务。其外部形态与一般的服务器、工控机等没有太大区别,可以部署在通用的机架中。目前国内的密码机主要呈现以下三大类:通用型的服务器密码机;应用于证书认证领域的签名验签服务器;应用于金融行业的金融数据密码机。

从硬件组成角度而言,签名验签服务器和金融数据密码机,与通用的服务器密码机并无区别,主要针对特定应用场景,在通用型的服务器密码机基础上,进一步封装了特定接口,以便于应用调用。

密码机本身一般仅提供最为基础的密码计算和密钥管理功能,不面向具体的业务应用用户。因此,大多数情况下,密码机作为后台设备,采用网络直连的方式连接具体业务系统,业务系统直接调用密码机完成密码计算和密钥管理,完成对上层的应用支持;相对而言,也有一些密码机配备了比较完善的用户管理机制,也可以直接面向用户调用,如服务器密码机。

随着密码实现技术的发展,我国密码机产品在算法性能指标、安全防护能力等方面获得巨大突破,部分密码机达到国际先进水平,甚至处于国际领先水平,如 SM3、SM4 处理速率可达 10Gb/s,SM2 签名速率可达 150 万次/秒。为满足云计算应用环境需求,有些厂家研制了云服务器密码机,利用密码服务的虚拟化和密码资源的虚拟化的方式实现对云计算应用环境的支撑。

1)服务器密码机

服务器密码机作为最基本的密码机产品,主要为应用提供最为基础和底层的密钥管理和密码计算服务。图 6-9 所示为典型的服务器密码机软/硬件架构。

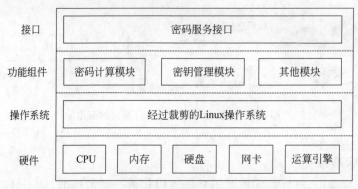

接口	密码服务接口				
功能组件	密码计算模块		密钥管理模块		其他模块
操作系统	经过裁剪的Linux操作系统				
硬件	CPU	内存	硬盘	网卡	运算引擎

图 6-9　典型的服务器密码机软/硬件架构

从硬件组成上看,服务器密码机通常分为两类:一类是"工控机+PCI/PCI-E 密码卡"的结构,即 PCI/PCI-E 密码卡进行实际的密钥管理和密码计算,集成在工控机上供其调用;另一类服务器密码机采取硬件自主设计的技术路线,将计算机主板的功能和密码芯片集成到一个板卡上,以进一步提高集成度和稳定性。

服务器密码机的管理员一般拥有较高的权限,为了对管理员身份进行有效鉴别,服务器一般还配备智能卡、智能密码钥匙等身份鉴别介质,使用其存储的对称/非对称密钥,利用"挑战-响应"等机制完成对管理员的鉴别。近年来,一些服务器密码机为了提高便利性和可用性,提供了安全管理链路等机制,实现了设备的远程集中管理。

在软件组成上,工控机上一般运行经过裁剪的 Linux 操作系统,在操作系统上调用 PCI/PCI-E 密码卡的密钥管理和密码计算功能,并进一步封装,通过网络等接口对外提供服务,以满足各类应用的需求。当然,服务器密码机未必一定包括传统意义上的操作系统。事实上,有些高安全服务器密码机通常只运行自己设计实现的代码,将不必要的功能进行裁剪,以降低安全隐患。

2)签名验签服务器

签名验签服务器在软/硬件组成上与服务器密码机基本类似。厂商可在 GM/T 0018—2012《密码设备应用接口规范》的基础上,对服务器密码机进一步封装,以满足应用系统对密码计算和密钥管理的要求。

签名验签服务器是为应用实体提供基于 PKI 体系和数字证书的数字签名、验证签名等运算功能的服务器,可以保证关键业务信息的真实性、完整性和不可否认性,主要用于数字证书认证系统,但由于其本身提供了基本的签名和验签服务功能,也可以用于电子银行、电子商务、电子政务等基于 PKI 的业务系统,为这类业务系统提供数字证书的管理和验证服务。

为了更好地适配于数字认证系统,除了最为基本的签名验签和数字证书验证服务外,签名验签服务器还需要支持初始化、与 CA 连接(主要是支持 CRL 连接配置、OCSP 连接配置)、应用管理、证书管理(应用实体的密钥产生、证书申请、用户证书导入和存储、应用实体的证书更新等)、备份和恢复等功能。

3）金融数据密码机

金融数据密码机在软/硬件组成上与服务器密码机基本类似,主要用于金融领域内的数据安全保护,提供 PIN 加密、PIN 转加密、MAC 产生、MAC 校验、数据加解密、签名验证及密钥管理等金融业务相关功能。金融数据密码机除用于金融行业实际业务外,还可以提供基本的密码算法服务,为通用业务提供密码计算服务。例如,电子商务行业数字签名的生成和验证,动态令牌、时间戳服务器的数字签名生成等。

2. 相关标准规范

密码行业标准中,已发布 7 项与密码机产品相关的标准,包括 3 项技术规范和 3 项配套的检测规范,以及 1 项与服务器密码机相关的接口规范 GM/T 0018—2012《密码设备应用接口规范》。表 6-1 给出了不同类型的密码机所要遵循的技术和检测规范。

表 6-1　不同类型的密码机所要遵循的技术和检测规范

	技 术 规 范	检 测 规 范
服务器密码机	GM/T 0030—2014《服务器密码机技术规范》	GM/T 0059—2018《服务器密码机检测规范》
签名验签服务器	GM/T 0029—2014《签名验签服务器技术规范》	GM/T 0060—2018《签名验签服务器检测规范》
金融数据密码机	GM/T 0045—2016《金融数据密码机技术规范》	GM/T 0046—2016《金融数据密码机检测规范》

6.2.4　VPN 产品

1. 产品概述

虚拟专用网络(Virtual Private Network,VPN)技术是指使用密码技术在公用网络(通常指互联网)中构建临时的安全通道的技术。之所以称其为虚拟网,主要因为整个 VPN 中任意两个节点间的连接并没有使用传统专网所需的端到端的物理链路,而是在公用网络服务商提供的网络平台上形成逻辑网络,用户数据在逻辑链路中进行传输,VPN 使得分散在各地的企业子网和个人终端安全互联,达到了物理分散、逻辑一体的目的。通过 VPN 技术提供的安全功能,用户可以实现在外部对企业内网资源的安全访问。

目前,主流的 VPN 产品包括 IPSec VPN 网关和 SSL VPN 网关。在安全认证网关中,大多数产品也是基于 IPSec 或 SSL 协议实现的,并提供了与 IPSec VPN、SSL VPN 产品相近的安全功能。因此,这里一并对安全认证网关进行介绍。

1）IPSec VPN 和 SSL VPN

IPSec VPN 和 SSL VPN 是两种典型的 VPN 产品实现技术,它们分别采用 IPSec 和 SSL 密码协议为公用网络中通信的数据提供加密、完整性校验、数据源身份鉴别和抗重放攻击等安全功能。但是,由于两者工作于不同的网络层次来搭建网络安全通道,因此,在部署方式和控制粒度方面还存在一定差异。

IPSec VPN 产品采用工作在网络层的 VPN 技术,对应用层协议完全透明。建立

IPSec VPN 隧道后,就可以在安全通道内实现各种类型的连接,如 Web(HTTP)、电子邮件(SMTP)、文件传输(FTP)、网络电话(VOIP),这是 IPSec VPN 最大的优点。另外,IPSec VPN 产品在实际部署时,通常向远端开放的是一个网段,也就是 IPSec VPN 产品通常保护一个内网整体,而非单个主机、服务器端口。所以,针对单个主机、单个传输层端口的安全控制部署较复杂,因此其安全控制的粒度相对较粗。

在标准 GM/T 0022—2014 中,规定了 IPSec VPN 中各类密码算法或鉴别方式的属性值,如表 6-2 所示。通过对 IPSec 协议中 IKE 阶段的报文数据进行解析,可以查看算法属性值,进而判断具体用到的算法。需要注意的是,因为历史原因,部分早期 VPN 产品中 SM4 算法的属性值为 127。

表 6-2　IPSec VPN 中密码算法的属性值定义

类　别	可选择算法的名称	描　　述	值
加密算法	ENC_ALG_SM1	SM1 分组密码算法	128
	ENC_ALG_SM4	SM4 分组密码算法	129
杂凑算法	HASH_ALG_SM3	SM3 密码杂凑算法或基于 SM3 的 HMAC	20
	HASH_ALG_SHA	SHA-1 密码杂凑算法或基于 SHA-1 的 HMAC	2
公钥算法或鉴别方式	ASYMMETRIC_SM2	SM2 椭圆曲线密码算法	2
	ASYMMETRIC_RSA	RSA 公钥密码算法	1
	AUTH_METHOD_DE	公钥数字信封鉴别方式	10

SSL VPN 产品采用工作在应用层和 TCP 层之间的 VPN 技术。由于它所基于的 SSL 协议内嵌在浏览器中,所以,接入端在不增加设备、不改动网络结构的情形下即可实现安全接入。这种基于浏览器/服务器(B/S)的架构是 SSL VPN 最常见的应用方式。同时,SSL 协议位于 TCP 与应用层协议之间,因而 SSL VPN 安全控制粒度可以更为精细,能够仅开放一个主机或端口。

在标准 GM/T 0024—2014 中,规定了 SSL VPN 产品支持的密码套件列表和属性值,如表 6-3 所示。通过对 SSL 协议中握手阶段的报文数据进行解析,可以查看密码套件属性值,进而判断具体用到的算法组合。

表 6-3　SSL VPN 中密码套件的属性值定义

序　号	名　　称	值
1	ECDHE_SM1_SM3	{0xe0,0x01}
2	ECC_SM1_SM3	{0xe0,0x03}
3	IBSDH_SM1_SM3	{0xe0,0x05}
4	IBC_SM1_SM3	{0xe0,0x07}
5	RSA_SM1_SM3	{0xe0,0x09}
6	RSA_SM1_SHA1	{0xe0,0x0a}

续表

序 号	名 称	值
7	ECDHE_SM4_SM3	{0xe0,0x11}
8	ECC_SM4_SM3	{0xe0,0x13}
9	IBSDH_SM4_SM3	{0xe0,0x15}
10	IBC_SM4_SM3	{0xe0,0x17}
11	RSA_SM4_SM3	{0xe0,0x19}
12	RSA_SM4_SHAI	{0xe0,0x1a}

注明：标准 GM/T 0024—2014 中规定实现 ECC 和 ECDHE 的算法为 SM2,实现 IBC 和 IBSDH 的算法为 SM9。

2）安全认证网关

安全认证网关是采用数字证书为应用系统提供用户管理、身份鉴别、单点登录、传输加密、访问控制和安全审计服务等功能的产品,保证了网络资源的安全访问。安全认证网关与一般安全网关产品的主要区别在于它采用了数字证书技术。在产品分类上,安全认证网关可分为代理模式和调用模式,其中代理模式是基于 IPSec/SSL VPN 实现的网关产品;调用模式的产品一般提供专用的安全功能（如身份鉴别）,被信息系统所调用。目前,大多数安全认证网关产品基于 IPSec/SSL 协议实现。

3）典型应用场景

由于 IPSec VPN 和 SSL VPN 各自不同的技术特点,在实际部署中,IPSec VPN 产品通常部署于站到站（Site to Site）模式和端到站（End to Site）模式的安全互联场景,端到端（End to End）模式的场景并不多见。其中,端到站、站到站之间的 IPSec VPN 通信需采用隧道模式,而端到端之间的 IPSec VPN 通信可以采用隧道模式或者传输模式。这三种 IPSec VPN 产品的典型应用场景如图 6-10 所示。SSL VPN 产品则更多地用于端到站的

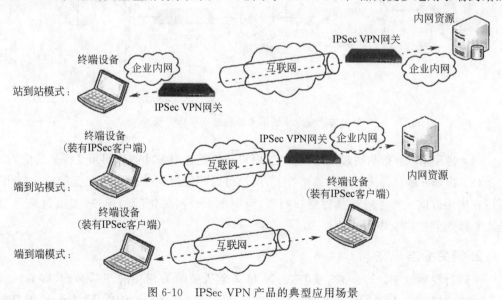

图 6-10 IPSec VPN 产品的典型应用场景

应用场景。对于 IPSec VPN 产品，站到站部署模式要求两端网络出口成对部署 IPSec VPN 网关；而端到站、端到端两种部署模式，一般要求接入端安装 IPSec 客户端。SSL VPN 应用时，只需在内网出口部署 SSL VPN 网关，接入端采用集成 SSL 协议的终端即可，如图 6-11 所示。

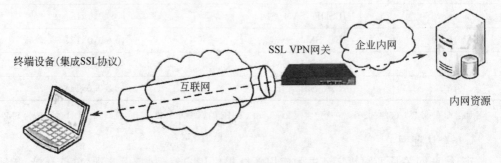

图 6-11　SSL VPN 产品的典型应用场景

安全认证网关的部署模式分为物理串联和物理并联两种方式，分别如图 6-12 和图 6-13 所示。其中，物理串联的部署模式是安全认证网关产品的必备模式。同时，考虑到实际情况的需要，安全认证网关可以在支持物理串联部署模式之外，也支持物理并联部署方式。

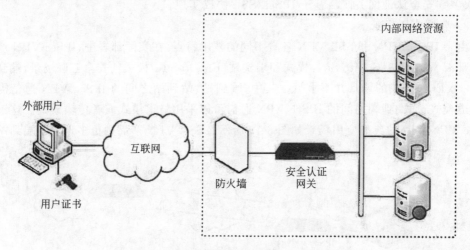

图 6-12　安全认证网关的物理串联部署模式

（1）物理串联：指从物理网络拓扑上，用户必须经过网关才能访问到受保护的应用。

（2）物理并联：指从物理网络拓扑上，用户可以不经过网关就访问到受保护的应用，可以在应用或防火墙上进行某种逻辑判断，识别出未经网关访问的用户（如通过来源 IP 地址），以达到逻辑上串联的效果。

2. 相关标准规范

密码行业标准中，已发布 5 项与 VPN 和安全认证网关相关的产品标准，即 GM/T 0022—2014《IPSec VPN 技术规范》、GM/T 0023—2014《IPSec VPN 网关产品规范》、

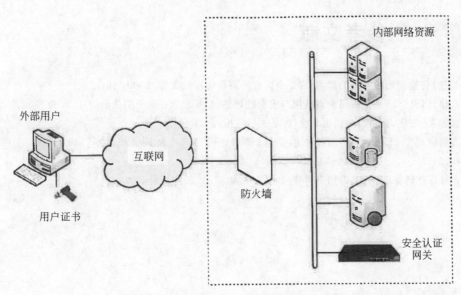

图 6-13　安全认证网关的物理并联部署模式

GM/T 0024—2014《SSL VPN 技术规范》、GM/T 0025—2014《SSL VPN 网关产品规范》和 GM/T 0026—2014《安全认证网关产品规范》。此外，还有 1 项国家标准 GB/T 32922—2016《信息安全技术 IPSec VPN 安全接入基本要求与实施指南》，该标准提出了 IPSec VPN 安全接入应用过程中有关网关、客户端及安全管理等方面的要求，同时给出了 IPSec VPN 安全接入的实施过程指导。

操作与实践

观察你身边与密码相关的产品，找到产品说明书并试着简述密码在其中所起的作用。

思考题

1. 简述商用密码产品的分类。

2. 列举你身边密码产品应用的例子，并说明密码在其中所起的作用。

3. 为什么商用密码产品需要遵循标准规范？

4. Bob 所在公司是一家金融机构，为保证业务安全运行，请尝试描述其公司可能需要的密码设备，并描述其应用场景。

参考文献

[1] 卿昱. 打造密码新业态的思考[A]. 中国密码高端论坛论文集. 2020：59-72.

[2] 霍炜,郭启全,马原. 商用密码应用与安全性评估[M]. 北京：电子工业出版社,2020.

[3] 郭宓文. 密码,让百姓生活更安全[N]. 人民日报,2021-10-26.

[4] 商用密码知识与政策干部读本编委会. 商用密码知识与政策干部读本[M]. 北京：人民出版社,2017.

[5] 吉林省密码管理局. 密码知识科普读本[M]. 北京：人民出版社,2018.

第7章

密码检测与测评

Bob 参加完商用密码产品展览会后,了解到各种各样的密码产品,于是向老板 Alice 建议对公司的信息系统进行商用密码改造,提升公司整体信息安全保障水平。考虑到公司的长远发展,以及国家近年来正大力推进国产密码应用,并颁布了《中华人民共和国密码法》等法规的背景,老板 Alice 采纳了 Bob 的建议,但他提出以下两个疑问。

(1) 如何保证公司采购的密码产品使用了合规的商密算法?

(2) 公司信息系统进行商用密码改造之后,能否符合相关的法规和标准?

带着这两个问题,Bob 又参加了中国密码学会主办的密码测评学术会议。通过参会,Bob 了解到在实际应用中,由于各种原因,各类用户(特别是信息系统应用开发商)有可能弃用、乱用、误用密码技术,导致应用系统的安全性得不到有效保障,甚至一些不合规、不安全的密码产品和实现还会遭受攻击者的入侵和破坏,造成比不用密码技术更广泛、更严重的安全问题。为了解决密码应用的合规性、正确性和有效性问题,需要对密码产品和信息系统进行检测与测评。

本章将首先引入商用密码检测认证体系,包括针对密码产品的认证介绍和针对应用系统的检测要求。然后针对密码产品,介绍商用密码产品检测;针对应用系统,介绍密码应用安全性评估(以下简称"密评"),以及密评的测评要求与测评方法。

7.1 商用密码检测认证体系

《中华人民共和国密码法》提出推进密码检测认证体系建设,制定密码检测、认证规则。密码检测、认证机构应当依法取得相关资质,并依照法律、法规的规定和密码检测、认证规则开展密码检测、认证。要求对关键信息基础设施的密码应用安全性开展分类分级评估。《中华人民共和国网络安全法》也明确规定关键信息基础设施运营者每年要自行或者委托第三方机构对信息系统安全性进行测评。密码应用安全性是测评的一项重要内容,应遵循密码法律法规要求。中央有关文件明确提出要加强密码检测能力建设,健全密码检测认证体系。

根据法律法规要求,结合商用密码发展实际,积极构建"1+M+N"的商用密码检测认证体系,即设立 1 家商用密码认证机构(以下简称"认证机构")、M 家商用密码产品检测机构(以下简称"检测机构")和 N 家商用密码应用安全性测评机构(以下简称

"测评机构")。

认证机构是认证服务的提供者,对检测机构、测评机构实施指导监督。检测机构主要负责密码算法、密码产品(含商用密码产品)等方面的检测任务。测评机构负责对关键信息基础设施密码应用的合规性、正确性和有效性进行测评。国家商用密码认证机构、检测机构和测评机构,在国家密码管理局、国家认证认可监督管理委员会等部门的监督管理下,依据检测、认证规则,合理、有序、高效开展认证、检测与测评业务。

2017年,国家密码管理局已陆续开展检测机构、测评机构的布局和培育工作,检测认证体系建设将进一步促进密码的合规、正确、有效使用,进一步促进商用密码市场健康有序发展。围绕产业需求,综合考虑地理因素,截至2021年9月,我国设立认证机构1家(商用密码检测中心);产品检测机构4家,分布在北京、深圳、上海和成都;测评机构48家,分布在北京、天津、上海、杭州、广州、乌鲁木齐、郑州等地,商用密码检测认证队伍日益壮大。

7.1.1 密码产品认证介绍

根据市场监管总局、国家密码管理局在2020年发布的《商用密码产品认证目录(第一批)》与《商用密码产品认证规则》,商用密码产品有22类(见表7-1)。

表7-1 商用密码产品认证目录(第一批)

序号	产品种类	产品描述
1	智能密码钥匙	实现密码运算、密钥管理功能的终端密码设备,一般使用USB接口形态
2	智能IC卡	实现密码运算和密钥管理功能的含CPU(中央处理器)的集成电路卡,包括应用于金融等行业领域的智能IC卡
3	POS密码应用系统 ATM密码应用系统 多功能密码应用互联网终端	为金融终端设备提供密码服务的密码应用系统
4	PCI-E/PCI密码卡	具有密码运算功能和自身安全保护功能的PCI硬件板卡设备
5	IPSec VPN产品/安全网关	基于IPSec协议,在通信网络中构建安全通道的设备
6	SSL VPN产品/安全网关	基于SSL/TLS协议,在通信网络中构建安全通道的设备
7	安全认证网关	采用数字证书为应用系统提供用户管理、身份鉴别、单点登录、传输加密、访问控制和安全审计服务的设备
8	密码键盘	用于保护PIN输入安全并对PIN进行加密的独立式密码模块,包括POS主机等设备的外接加密密码键盘和无人值守(自助)终端的加密PIN键盘
9	金融数据密码机	用于确保金融数据安全,并符合金融磁条卡、IC卡业务特点,主要实现PIN加密、PIN转加密、MAC产生和校验、数据加解密、签名验证,以及密钥管理等密码服务功能的密码设备

序号	产 品 种 类	产 品 描 述
10	服务器密码机	能独立或并行为多个应用实体提供密码运算、密钥管理等功能的设备
11	签名验签服务器	用于服务端的,为应用实体提供基于 PKI 体系和数字证书的数字签名、验证签名等运算功能的服务器
12	时间戳服务器	基于公钥密码基础设施应用技术体系框架内的时间戳服务相关设备
13	安全门禁系统	采用密码技术,确定用户身份和用户权限的门禁控制系统
14	动态令牌 动态令牌认证系统	动态令牌:生成并显示动态口令的载体 动态令牌认证系统:对动态口令进行认证,对动态令牌进行管理的系统
15	安全电子签章系统	提供电子印章管理、电子签章/验章等功能的密码应用系统
16	电子文件密码应用系统	在电子文件创建、修改、授权、阅读、签批、盖章、打印、添加水印、流转、存档和销毁等操作中提供密码运算、密钥管理等功能的应用系统
17	可信计算密码支撑平台	采取密码技术,为可信计算平台自身的完整性、身份可信性和数据安全性提供密码支持。其产品形态主要表现为可信密码模块和可信密码服务模块
18	证书认证系统 证书认证密钥管理系统	证书认证系统:对数字证书的签发、发布、更新、撤销等数字证书全生命周期进行管理的系统。 证书认证密钥管理系统:对生命周期内的加密证书密钥对进行全过程管理的系统
19	对称密钥管理产品	为密码应用系统生产、分发和管理对称密钥的系统及设备
20	安全芯片	含密码算法、安全功能,可实现密钥管理机制的集成电路芯片
21	电子标签芯片	采用密码技术,载有与预期应用相关的电子识别信息,用于射频识别的芯片
22	其他密码模块	实现密码运算、密钥管理等安全功能的软件、硬件、固件及其组合,包括软件密码模块、硬件密码模块等

对于《商用密码产品认证目录(第一批)》中的 22 类产品,认证机构针对每类产品都制定了认证实施细则,对不同产品的认证依据、认证时限进行了要求。认证实施程序主要包括认证委托、型式试验、初始工厂检查、认证评价与决定、获证后监督等环节(见图 7-1)。

认证委托环节,认证机构要对认证委托方提交的材料进行审核,确保材料齐全并符合要求,及时反馈是否受理的信息。型式试验环节,检测机构依据认证规则、标准规范、型式试验方案等要求,对一个或多个具有代表性的样品实施检测。型式试验结束后,及时向认证机构和认证委托人出具型式试验报告。初始工厂检查环节,认证机构派出检查组,根据GM/T 0065—2019《商用密码产品生产和保障能力建设规范》、GM/T 0066—2019《商用

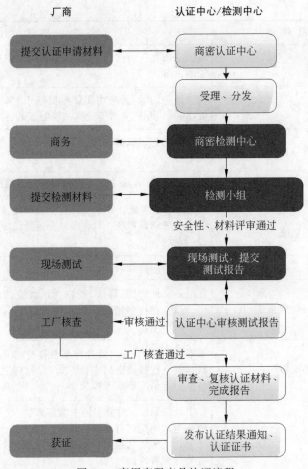

厂商　　　　　　　　认证中心/检测中心

提交认证申请材料　⟷　商密认证中心

受理、分发

商务　⟷　商密检测中心

提交检测材料　⟷　检测小组

安全性、材料评审通过

现场测试　⟷　现场测试，提交测试报告

工厂核查　—审核通过—　认证中心审核测试报告

—工厂核查通过—

审查、复核认证材料、完成报告

获证　⟵　发布认证结果通知、认证证书

图 7-1　商用密码产品认证流程

密码产品生产和保障能力建设实施指南》等标准对生产企业的生产能力、质量保障能力、安全保障能力和产品一致性控制能力实施检查。认证评价与决定环节,认证机构对型式试验、初始工厂检查结论和相关资料信息进行综合评价,做出认证决定。对符合认证要求的颁发证书,不符合的则书面通知认证委托方终止认证。

　　为了保证进入市场的产品始终符合认证的有关要求,认证机构应对认证有效期内的获证产品和生产企业持续进行监督。一般采用工厂检查的方式实施,必要时可在生产现场或市场抽样检测。

7.1.2　密码应用基本要求

2021 年 3 月,国家密码应用与安全性评估的关键标准 GB/T 39786—2021《信息安全技术 信息系统密码应用基本要求》(以下简称 GB/T 39786)正式发布,用于规范信息系统密码应用的建设,又可以指导开展信息系统密码应用安全性评估。GB/T 39786 是在原密码行业标准 GM/T 0054—2018《信息系统密码应用基本要求》基础上的进一步修改和完善,制定发布为国家标准,其完备性、合理性、可操作性都得到进一步提升。

GB/T 39786 是贯彻落实《中华人民共和国密码法》,指导我国商用密码应用与安全性评估工作开展的纲领性、框架性标准。该标准分五个级别,从物理和环境安全、网络和通信安全、设备和计算安全、应用和数据安全四个方面提出了密码应用技术要求,从管理制度、人员管理、建设运行和应急处置四个方面提出了密码应用管理要求,对规范引导信息系统密码合规、正确、有效应用具有重要意义。GB/T 39786 标准的整体框架如图 7-2 所示。

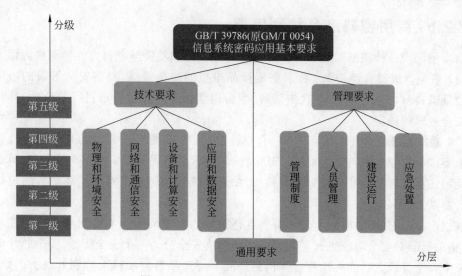

图 7-2　GB/T 39786 标准的整体框架

GB/T 39786 标准包括以下内容。

(1) 密码功能要求从机密性、完整性、真实性和不可否认性四方面,规定信息系统中需要用密码保护的对象。

(2) 通用要求规定了密码算法、密码技术、密码产品和密码服务应当满足国家密码管理的相关标准规范或要求,即合规性。

(3) 密码技术应用要求是标准的核心内容,分别从物理和环境安全、网络和通信安全、设备和计算安全、应用和数据安全四个层面规定了密码技术的应用要求。在给出总则的基础上,每个层面还包含等级保护四个不同级别的具体要求。总则从整体角度给出了每个方面涉及的技术需求,但不规定具体要求。四个等级的要求以条款增加和强制性增强的方式逐级别提升。

(4) 安全管理从制度、人员、实施和应急等方面,规定了等级保护四个不同级别的安全管理要求。

7.2　商用密码产品检测

商用密码产品提供的安全功能能够正确有效地实现是保障重要网络与信息系统安全的基础。商用密码产品检测是对商用密码产品提供的安全功能进行核验的有效手段,也是产品获得证书的前提。随着系列密码产品技术和检测标准规范出台,商用密码产品检测工作科学化、规范化水平不断提升。截至 2018 年 12 月,已有 2200 余款产品通过检测和审批,涵盖密码芯片、密码板卡、密码机、密码系统等,形成了较完整的产业链条和产品体系,丰富的产品类型能够满足各类信息系统的需要。

本节给出商用密码产品检测框架,并重点对其中的安全等级符合性检测和密码算法合规性检测进行介绍。

7.2.1 商用密码产品检测框架

商用密码产品检测框架分为安全等级符合性检测和功能标准符合性检测两方面。

(1) 安全等级符合性检测:针对密码产品申报的安全等级,对该安全等级的敏感安全参数管理、接口安全、自测试、攻击缓解、生命周期保障等方面要求进行符合性检测,即进行安全等级的核定。

(2) 功能标准符合性检测:对算法合规性、产品功能、密钥管理、接口、性能等具体产品标准要求的内容进行符合性检测。其中,除了包含对密码算法实现正确性测试,算法合规性检测还包含对随机数生成方式的检测,如通过统计测试标准对生成随机数的统计特性进行测试。

根据产品形态的不同,安全等级符合性检测分为对密码模块的检测和对安全芯片的检测,相关标准对安全等级进行了划分。密码模块安全分为 4 个安全等级,安全芯片安全分为 3 个安全等级。功能标准符合性检测按照不同产品各自的标准分别开展。例如,智能 IC 卡按照 GM/T 0041—2015《智能 IC 卡密码检测规范》进行检测。

对于不同安全等级密码产品的选用,应考虑以下两个方面。

(1) 运行环境提供的防护能力。密码产品及其运行的环境共同构成了密码安全防护系统。运行环境的防护能力越低,环境中存在的安全风险越高;若防护能力越高,则安全风险也会随之降低。因此,在低安全防护能力的运行环境中,需选用高安全等级的密码产品;而在高安全防护能力的运行环境中,也可选用较低安全等级的密码产品。

(2) 所保护信息资产的重要程度。信息资产包括数据、系统提供的服务及相关的各类资源,其重要程度与所在的行业、业务场景及影响范围有很大关系。以电子银行系统为例,后台系统与银行账户资金直接相关,用户终端仅影响单一账户资金安全,资产的重要程度有所不同。信息资产重要程度的界定由用户机构或其主管机构负责,可参考标准 GB/T 22240—2020《信息安全技术 网络安全等级保护定级指南》。此外,重要信息系统中密码产品的选用还要符合其业务主管部门及相关标准规范的要求。例如,根据《金融领域国产密码应用推进技术要求》,应用的金融 IC 卡芯片应满足安全二级及以上要求。

选择合适的安全等级后,商用密码产品在部署时还应当按要求进行配置和使用,以切实发挥产品所能提供的安全防护能力。对于密码模块,用户应当参考每个密码模块的安全策略文件,明确模块适用的环境及厂商规则要求等,确保模块被正确地配置和使用;对于安全芯片,开发者需要参照安全芯片用户指南所规定的芯片配置策略和函数使用方法,保证安全芯片可以安全可靠地工作。

7.2.2　密码算法合规性检测

1. 概述

密码算法合规性检测包含两部分内容,即商用密码算法实现的合规性检测和随机数生成合规性检测。

(1)商用密码算法实现的合规性检测,是指商用密码算法应按照密码算法标准要求进行参数设置和代码实现。检测商用密码算法实现的合规性时,首先通过送检产品对指定的输入数据进行相应的密码计算,产生输出数据,该过程中的输入和输出作为测试数据;再将测试数据中的输入作为商用密码算法实现的合规性检测工具的输入,通过检测工具产生输出结果。如果送检产品的输出结果与检测工具的输出结果一致,则说明密码算法实现正确、合规。商用密码算法实现的合规性检测项目包括 ZUC、SM2、SM3、SM4、SM9 等密码算法。

(2)随机数生成合规性检测,是密码算法合规性检测中的另一项重要检测内容。随机数在密码学中广泛应用。例如,在密钥产生过程、数字签名方案、密钥交换协议和实体鉴别协议中都用到了随机数,产生随机数的部件称为随机数发生器。对随机数质量的检测是保证密码产品安全的基础,几乎在所有密码产品标准中都有对随机数质量的要求。

目前,针对随机数检测的已发布标准有两个,分别是测试随机数统计特性的 GM/T 40005—2021《精细陶瓷强度数据的韦布尔统计分析方法》(对应国家标准为 GB/T 32915—2016《信息安全技术二元序列随机性检测方法》),以及规范随机数在不同类型密码产品中检测方式的 GM/T 0062—2018《密码产品随机数检测要求》。此外,还有一些关于随机数发生器设计和检测的标准正在制定过程中,如《密码随机数生成模块设计》《软件随机数发生器设计指南》《随机数发生器总体框架》《随机数发生器安全性评估准则》等标准。

目前,国际上的随机性测试方法有 200 多种,其中 NIST 制定的 SP 800-22 标准是较具代表性的方法之一。与我国标准 GM/T 40005—2021《精细陶瓷强度数据的韦布尔统计分析方法》类似,该标准专门用于对密码应用中的随机数和伪随机数发生器产生的二进制随机数序列进行统计测试。每个测试项通过选取一个特定的统计量,计算观察值是否符合理论分布,以此确定待测序列在某方面是否存在规律。如果能检测到这种规律,则认为序列是不随机的;反之,则认为序列是随机的。例如,单比特频数测试通过查看序列中 0 和 1 的个数是否近似相同,来判断序列是否随机。测试项目与我国标准有很多相同的地方。NIST SP 800-22 检测项目与 GM/T 40005—2021 检测项目对比,如表 7-2 所示。

表 7-2　NIST SP 800-22 检测项目与 GM/T 40005—2021 检测项目对比

NIST SP 800-22 检测项目	GM/T 40005—2021 检测项目
单频数检测	单频数检测
块内频数检测	块内频数检测
游程检测	游程检测
块内"1"的最大游程检测	块内"1"的最大游程检测
矩阵秩检测	矩阵秩检测

NIST SP 800-22 检测项目	GM/T 40005—2021 检测项目
近似熵检测	近似熵检测
累加和	累加和
通用统计检测	通用统计检测
离散傅里叶检测	离散傅里叶检测
/	扑克检测
/	游程分布检测
/	二元推导检测
/	自相关检测
随机游动检测	/
随机游动变式检测	/
重叠模板匹配检测	/
非重叠模板匹配检测	/

7.2.3　密码模块检测

密码模块是硬件、软件、固件,或它们之间组合的集合,该集合至少使用一个经我国国家密码管理局核准的密码算法、安全功能或过程实现一项密码服务,并且包含在定义的密码边界内。简单地说,密码模块是实现了核准的安全功能的硬件、软件或固件的集合,并且包含在密码边界内。

1. 概述

1) 安全功能

密码模块中的安全功能与传统理解上的安全功能(如入侵检测设备和防火墙提供的安全防护功能)有所不同,它特指与密码相关的运算。GM/T 0028—2014《密码模块安全要求》核准的安全功能包括分组密码、流密码、公钥密码算法和技术、消息鉴别码、Hash函数、实体鉴别、密钥管理和随机比特生成器。在密码模块中实现的这些安全功能应当符合相关标准、规范或国家密码管理部门的要求。

2) 密码边界

密码边界是密码模块中特有的重要概念。根据 GM/T 0028—2014 的定义,密码边界是由定义明确的边线(如硬件、软件或固件部件的集合)组成的,该边线建立了密码模块所有部件的边界。密码边界应当至少包含密码模块内所有安全相关的算法、安全功能、进程和部件。非安全相关的算法、安全功能、进程和部件也可以包含在密码边界内。密码边界内的某些硬件、软件或固件部件可以从标准 GM/T 0028—2014 的要求中排除,但被排除的硬件、软件或固件部件的实现应当不干扰或不破坏密码模块核准的安全操作。

特别需要指出的是,密码模块的密码边界是相对的,一个密码模块产品有可能包含另一个或几个规模更小的密码模块。如一个实现复杂密码服务功能的密码机,其本身可定义为一个密码模块,而该密码机内部可能包含一个或多个密码卡,密码卡本身也可以作为独立的密码模块来定义。

3) 密码模块类型

按照密码边界划分方式的不同,密码模块可分为硬件密码模块、软件密码模块、固件密码模块和混合密码模块。

(1) 硬件密码模块。硬件密码模块的密码边界为硬件边界,在硬件边界内可以包含固件或软件,其中还可以包括操作系统。具体来说,硬件密码模块的边界包括以下内容。

① 在部件之间提供互联的物理配线的物理结构,包括电路板、基板或其他表面贴装。

② 有效的电器元件,如半集成、定制集成或通用集成的电路、处理器、内存、电源、转换器等。

③ 封套、灌封或封装材料、连接器和接口之类的物理结构。

④ 固件,可以包含操作系统。

⑤ 上面未列出的其他部件类型。

(2) 软件密码模块。软件密码模块的密码边界为执行在可修改运行环境中的纯软件部件(可以是一个或多个软件部件)。软件密码模块的运行环境所包含的计算平台和操作系统,在定义的密码边界之外。可修改运行环境指能够对系统功能进行增加、删除和修改等操作的可配置运行环境,如 Windows/Linux/Mac OS/Android/iOS 等通用操作系统。具体地,软件密码模块的边界包括以下内容。

① 构成密码模块的可执行文件或文件集。

② 保存在内存中并由一个或多个处理器执行的密码模块的实例。

(3) 固件密码模块。固件密码模块的密码边界为执行在受限的或不可修改的运行环境中的纯固件部件划定界线。固件密码模块的运行环境所包含的计算平台和操作系统,在定义的密码边界之外,但是与固件模块明确绑定。受限运行环境指允许受控更改的软件或者固件模块,如 Java 卡中的 Java 虚拟机等。不可修改的运行环境指不可编程的固件模块或硬件模块。具体地,固件密码模块的边界包括以下内容。

① 构成密码模块的可执行文件或文件集;

② 保存在内存中并由一个或多个处理器执行的密码模块的实例。

(4) 混合密码模块。混合密码模块分为混合软件模块和混合固件模块。密码边界为软/固件部件和分离的硬件部件(即软/固件部件不在硬件模块边界中)的集合划定界线。软/固件运行的环境所包含的计算平台和操作系统,在定义的混合软/固件模块边界之外。具体来说,混合软/固件密码模块的边界包括以下内容。

① 由模块硬件部件的边界及分离的软/固件部件的边界构成;

② 包含每个部件所有端口和接口的集合;

③ 除了分离的软/固件部件,硬件部件可能还包含嵌入式的软/固件。

4) 安全策略文件

每个密码模块都有一个安全策略(Security Policy)文件,该文件对密码模块进行了较为详细的说明,包括对密码模块在 11 个安全域的安全等级及所达到的整体安全等级的说明;按照 11 个安全域的具体要求对密码模块所能达到的安全等级进行详细阐述,如密码模块的形态、密码边界、所支持的算法、密钥体系、运行环境、物理安全,以及密码模块在所能达到的安全等级下的使用说明,如环境如何配置、物理安全如何保证等。安全策略文件也明确说明了密码模块运行应遵从的安全规则,包含从密码模块安全要求标准导出的规则及厂商要求的规则。

对于实际使用密码模块的用户来说,安全策略是选用该密码模块的重要考量依据,因为密码模块的安全策略可能无法与用户的实际使用环境和应用需求相适应。密码模块规定的安全等级需要通过密码模块产品和安全策略的配合来保证。如果不按照安全策略使用密码模块,密码模块将失去基本安全假设的支持,各类敏感参数都直接暴露在威胁之下。当然,安全策略不能随意制定,还要受到标准的约束。一般而言,安全等级越高的密码模块,安全策略越简单,即安全等级高的密码模块可以运行在相对不太安全的环境下。

2. 相关标准规范

1) GM/T 0028—2014《密码模块安全要求》(对应国家标准为 GB/T 37092—2018《信息安全技术 密码模块安全要求》)

该标准针对的是实现密码功能的密码模块的安全技术要求。密码模块是密码应用的核心部件,密码系统的安全性与可靠性直接取决于实现它们的密码模块。密码模块可以是软件、硬件、固件,或它们之间组合的集合,也可以是独立产品,如密码芯片、密码机等,也可以是某应用产品中实现密码功能的部分,如具备密码功能的 CPU。

2) GM/T 0039—2015《密码模块安全检测要求》

该标准旨在描述可供检测机构检测密码模块是否符合 GM/T 0028—2014《密码模块安全要求》的一系列方法。这些方法是为了保证在检测过程中高度的客观性,并确保各检测机构测试结果的一致性。该标准还给出了送检单位提供给检测机构材料的要求。在将密码模块提交给检测机构之前,送检单位可将该标准作为指导判断该密码模块是否符合 GM/T 0028—2014《密码模块安全要求》所提出的要求。

7.2.4 安全芯片检测

1. 概述

安全芯片是指实现一种或多种密码算法,直接或间接地使用密码技术保护密钥和敏感信息的集成电路芯片。与纯粹的算法芯片不同,安全芯片在实现密码算法的基础上增加了密钥和敏感信息存储等安全功能,以及对应用一定的支撑运算能力。另外,安全芯片能提供针对密码算法运算和敏感数据的防护保障,如物理防护、存储保护、工作环境条件监控等,保证密码运算和对密钥、用户敏感信息的处理安全可靠地运行。

安全芯片自身具有较高的安全等级,能够保护内部存储的密钥和敏感数据不被非法读取和篡改,可作为密码板卡或模块的主控芯片。典型的安全芯片一般具有 CPU,可以运行固件、片上操作系统(COS)及各类应用程序。作为使用商用密码算法(如 SM2、SM4)提供身份鉴别服务的智能卡的安全平台载体,安全芯片能够提供电路和固件层级的安全防护。GM/T 0008—2012《安全芯片密码检测准则》从安全防护能力角度,将安全芯片划分为安全性依次递增的三个安全等级。选用高安全等级的安全芯片有助于设计高安全等级的密码产品。具有高安全等级已经成为安全芯片在重要领域应用的硬性要求。目前,金融领域应用的金融 IC 卡芯片必须满足安全二级及以上要求。

近十年来,在电子证照、金融支付、社会保障、网络认证、移动支付、电信等行业领域中,安全芯片广泛应用于包括身份证、电子护照、社保卡、银行卡、SIM 卡等多种安全芯片产品。安全芯片的安全性受到国内各安全芯片厂商、应用服务商、政府机构、银行等的高度重视。

2. 相关标准规范

安全芯片产品遵循的密码行业标准是 GM/T 0008—2012《安全芯片密码检测准则》。该标准在密码算法、安全芯片接口、密钥管理、敏感信息保护、安全芯片固件安全、自检、审计、攻击的削弱与防护和生命周期保证 9 个领域考查安全芯片的安全能力,并将每个领域的安全能力划分为安全性依次递增的三个安全等级,对每个安全等级均提出了安全性要求。安全芯片的整体安全等级定为该安全芯片在以上 9 个领域中所达到安全等级的最低等级。

7.3　密码应用安全性评估测评过程指南

本节根据我国国家密码管理局发布的 GM/T 0116—2021《信息系统密码应用测评过程指南》介绍密码应用安全性评估的主要活动和任务,包括密码应用方案评估、测评准备活动、方案编制活动、现场测评活动、分析和报告编制活动,以规范测评机构密码应用安全性评估工作。

7.3.1　测评基本原则

1. 客观公正原则

测评实施过程中,测评方应保证在最小主观判断情形下,按照与受测方共同认可的测评方案,基于明确定义的测评方式和解释实施测评活动。

2. 经济性和可重用性原则

测评工作可以重用已有的测评结果,包括商用密码安全产品检测结果和商用密码应用安全性评估测评结果。所有重用结果都应以结果适用于待测系统为前提,并能够客观反映系统目前的安全状态。

3. 可重复性和可再现性原则

依照同样的要求,使用同样的测评方法,在同样的环境下,不同的测评机构对每个测评实施过程的重复执行应得到同样的结果。可重复性和可再现性的区别在于,前者与同一测评者测评结果的一致性有关,后者则关注不同测评者测评结果的一致性。

4. 结果完善性原则

在正确理解《信息系统密码应用基本要求》各个要求项内容的基础之上,测评所产生的结果应客观反映信息系统的运行状态。测评过程和结果应服从正确的测评方法,以确保其满足要求。

7.3.2 测评过程

1. 概述

下面给出的测评过程是针对信息系统的首次测评。对于已经实施过一次（或一次以上）测评的被测信息系统，测评机构和测评人员可根据实际情况调整部分工作任务。需要注意的是，在测评活动开展前，信息系统的密码应用方案需经过测评机构的评估或密码应用专家的评审。

测评过程包括四项基本测评活动，即测评准备活动、方案编制活动、现场测评活动和分析与报告编制活动。测评方与受测方之间的沟通与洽谈应贯穿整个测评过程。未进行密码应用方案评估的，可由责任单位委托测评机构或组织专家进行评估；通过评估的密码应用方案可以作为测评实施的依据。测评过程如图 7-3 所示。

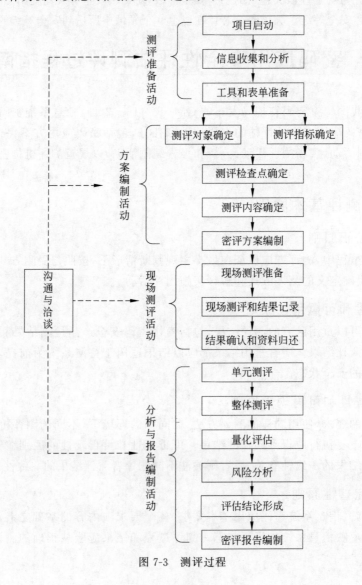

图 7-3　测评过程

2. 测评准备活动

本活动是开展测评工作的前提和基础,其主要任务是掌握被测信息系统的详细情况,准备测评工具,为编制测评方案做好准备。

3. 方案编制活动

本活动是开展测评工作的关键活动,其主要任务是确定与被测信息系统相适应的测评对象、测评指标及测评内容等,形成测评方案,为实施现场测评提供依据。

4. 现场测评活动

本活动是开展测评工作的核心活动,其主要任务是依据测评方案的总体要求,分步实施所有测评项目,包括单元测评和整体测评等,以了解系统的真实保护情况,获取足够证据,发现系统存在的密码应用安全性问题。

5. 分析与报告编制活动

本活动是给出测评工作结果的活动,其主要任务是根据现场测评结果和《信息系统密码应用基本要求》《信息系统密码测评要求》的有关要求,通过单项测评结果判定、单元测评结果判定、整体测评和风险分析等方法,找出整个系统密码的安全保护现状与相应等级的保护要求之间的差距,并分析这些差距可能导致的被测信息系统面临的风险,从而给出测评结论,形成测评报告。

7.4　密码测评要求与测评方法

　　本节按照《信息系统密码应用基本要求》,结合《信息系统密码测评要求》给出每个要求条款的测评实施方法。首先给出总体要求、典型密码产品应用、密码功能的测评实施方法,然后从物理和环境安全测评、网络和通信安全测评、设备和计算安全测评、应用和数据安全测评、密钥管理测评和安全管理测评 6 个方面给出具体的测评实施方法,最后强调进行综合测评的重要性,供测评人员参考。

7.4.1　总体要求测评

　　总体要求贯穿整个《信息系统密码应用基本要求》标准的主线,所有涉及密码算法、密码技术、密码产品和密码服务的条款,都需要满足总体要求中的规定。在进行密码应用安全性评估时,测评人员需要对密码算法、密码技术、密码产品和密码服务进行核查。

1. 密码算法核查

　　测评人员首先应当了解信息系统使用的算法名称、用途、位置、执行算法的设备及其实现方式(如软件、硬件或固件等)。针对信息系统使用的每个密码算法,测评人员应当核查密码算法是否以国家标准或行业标准形式发布,或是否取得我国国家密码管理部门同意其使用的证明文件。

2. 密码技术核查

　　在密码算法核查基础上,测评人员应当进一步核查密码协议、密钥管理等密码技术是否符合密码相关国家和行业标准规定。需要注意的是,若密码技术由已经获得审批或检测认证合格的商用密码产品实现,即意味着其内部实现的密码技术已经符合相关标准,在测评过程中,测评人员应当重点评估这些密码技术的使用是否符合标准规定。例如,《信息系统密码应用基本要求》等标准规定了使用证书或公钥之前应对其进行验证,因此,在使用数字证书前应当按照验证策略对证书的有效性和真实性进行验证。

3. 密码产品核查

密码产品核查是测评过程的重点。测评时,测评人员应首先确认所有实现密码算法、密码协议或密钥管理的部件或设备是否获得了国家密码管理部门颁发的商用密码产品型号证或国家密码管理部门认可的商用密码检测机构出具的合格检测报告是否已满足上述要求的密码产品,证明该产品标准的符合性和安全性已经通过了检测。在测评过程中,测评人员应当重点评估这些密码产品是否被正确、有效地使用。一种常见的情况是,采用了已审批过或检测认证合格的产品,但使用了未经认可的密码算法或密码协议,针对这种情况的测评,可与密码算法核查和密码技术核查一并进行。另一种更复杂的情况是,密码产品被错误使用、配置,甚至被旁路,实际并没有发挥预期作用,此时需要测评人员通过配置检查、工具检测等方式进行综合判定。

4. 密码服务核查

如果信息系统使用了第三方提供的电子认证服务等密码服务,测评人员应当核查信息系统所采用的相关密码服务是否获得了国家密码管理部门颁发的密码服务许可证,如《电子认证服务使用密码许可证》,且许可证要在有效期内。

7.4.2 密码功能测评

《信息系统密码应用基本要求》规定了在不同层面对密码功能(保密性、完整性、真实性和不可否认性)实现的要求。事实上,对于不同层面上实现的同一个密码功能,对它们的测评方法也有很多类似的地方,下面从传输保密性、存储保密性、传输完整性、存储完整性、真实性、不可否认性等方面对密码功能实现的测评方法举例介绍,供测评人员开展现场测评工作时参考。测评人员也可以根据自身经验和信息系统特点进一步细化、补充和完善。

1. 对传输保密性实现的测评方法

① 利用协议分析工具,分析传输的重要数据或鉴别信息是否为密文,数据格式(如分组长度等)是否符合预期。

② 如果信息系统以外接密码产品的形式实现传输保密性,如 VPN、密码机等,则参考对这些密码产品应用的测评方法。

2. 对存储保密性实现的测评方法

① 通过读取存储的重要数据,判断存储的数据是否为密文,数据格式是否符合预期。

② 如果信息系统以外接密码产品的形式实现存储保密性,如密码机、加密存储系统、安全数据库等,则参考对这些密码产品应用的测评方法。

3. 对传输完整性实现的测评方法

① 利用协议分析工具,分析受完整性保护的数据在传输时的数据格式(如签名长度、MAC 长度)是否符合预期。

②如果是使用数字签名技术进行完整性保护,则测评人员可以使用公钥对抓取的签名结果进行验证。

③ 如果信息系统以外接密码产品的形式实现传输完整性,如 VPN、密码机等,则参考对这些密码产品应用的测评方法。

4. 对存储完整性实现的测评方法

① 通过读取存储的重要数据,判断受完整性保护的数据在存储时的数据格式(如签名长度、MAC 长度)是否符合预期。

② 如果是使用数字签名技术进行完整性保护,则测评人员可以使用公钥对存储的签名结果进行验证。

③ 在条件允许的情况下,测评人员可尝试对存储数据进行篡改(如修改校验值),验证完整性保护措施的有效性。

④ 如果信息系统以外接密码产品的形式实现存储完整性保护,如密码机、智能密码钥匙,则参考对这些密码产品应用的测评方法。

5. 对真实性实现的测评方法

① 如果信息系统以外接密码产品的形式实现对用户、设备的真实性鉴别,如 VPN、安全认证网关、智能密码钥匙、动态令牌等,则参考对这些密码产品应用的测评方法。

② 对于不能复用密码产品检测结果的,还要查看实体鉴别协议是否符合 GB/T 15843 中的要求,特别是对于"挑战-响应"方式的鉴别协议,可以通过协议抓包分析,验证每次的挑战值是否不同。

③ 对于基于静态口令的鉴别过程,抓取鉴别过程的数据包,确认鉴别信息(如口令)未以明文形式传输;对于采用数字签名的鉴别过程,抓取鉴别过程的挑战值和签名结果,使用对应公钥验证签名结果的有效性。

④ 如果鉴别过程中使用了数字证书,则参考对证书认证系统应用的测评方法。如果鉴别过程中未使用证书,测评人员要验证公钥或密钥与实体的绑定方式是否可靠,实际部署过程是否安全。

6. 对不可否认性实现的测评方法

① 如果使用第三方电子认证服务,则应对密码服务进行核查;如果信息系统中部署了证书认证系统,则参考对证书认证系统应用的测评方法。

② 使用相应的公钥对作为不可否认性证据的签名结果进行验证。

③ 如果使用电子签章系统,则参考对电子签章系统应用的测评方法。

7.4.3 密钥管理测评

密钥管理测评是密码应用安全性评估工作的一项重要内容。测评人员首先确认所有关于密码管理的操作都是由符合规定的密码产品或密码模块实现的,然后厘清密钥流转的关系,对信息系统内密钥(尤其是对进出密码产品或密码模块的密钥)的安全性进行检查,给出全生命周期的密钥流转表,即标明这些密钥是如何生成、存储、分发、导入与导出、使用、备份与恢复、归档、销毁的,并核查是否满足要求。

① 结合技术文档,了解系统在密钥生成过程中所使用的真随机数生成器是否为经过国家密码管理部门批准的硬件物理噪声源随机数生成器。

② 查看系统内随机数生成器的运行状态,判断生成的密钥是否具有良好的随机性;查看其功能是否正确、有效。

③ 结合技术文档,了解系统内部所有密钥是否均以密文形式进行存储,或者位于受保护的安全区域,了解系统使用何种密码算法对受保护的密钥进行加密处理,相关加密算法是否符合相关法规和密码标准的要求;了解密钥加密密钥的分配、管理、使用及存储机制;了解系统内部是否具备完善的密钥访问权限控制机制,以保护明文密钥及密文密钥不被非法获取、篡改或使用。

④ 查看系统内部密钥的存储状态,确定密钥均以密文形式存在于系统中,或者位于受保护的安全区域,并尝试导入新的密钥以验证系统对密钥的加密过程正确、有效;尝试操作密钥加密密钥的分配、管理、使用处理过程,查看并判定系统是否具有严格的密钥访问控制机制;查验密钥加密密钥是否存储于专用密码产品中,该设备是否经过国家密码管理部门的核准。

⑤ 结合技术文档,了解系统内部采用何种密钥分发方式(如离线分发方式、在线分发方式、混合分发方式),密钥传递过程中系统使用了哪些密码技术对密钥进行处理,以保护其保密性、完整性与真实性;在密钥分发期间系统使用了哪些专用网络安全设备、专用安全存储设备,相关设备是否经过国家密码管理部门的核准,算法或协议是否符合有关国家标准和行业标准。

⑥ 结合技术文档,了解在密钥导入、导出过程中系统采用了何种安全措施来保证此操作的安全性及密钥的正确性;了解系统是否采用了密钥拆分的方法将密钥拆分成若干密钥片段并分发给不同的密钥携带者,从而实现安全的密钥导出操作;了解被导出的密钥片段是否经过加密处理,以密文形式存在于各传输载体中,相关的密钥加密算法是否符合相关法规和标准的要求;了解在密钥导入、导出过程中系统是否使用了专用密码存储设备存储、携带相关的密钥数据,相关存储设备是否经过国家密码管理部门的核准;了解在密钥导入、导出过程中系统是否可保证相关密码服务不被中断。

⑦ 结合技术文档,了解系统内部是否具有严格的密钥使用管理机制,以保证所有密钥均具有明确的用途且各类密钥均可被正确地使用、管理;了解系统是否具有公钥认证机制,以鉴别公钥的真实性与完整性,相应公钥密码算法是否符合相关法规和密码标准的要求;了解系统采用了何种安全措施来防止密钥泄露或被替换,是否使用了密码算法,以及相关的算法是否符合相关法规和标准的要求;了解系统是否可定期更换密钥;了解详细的密钥更换处理流程;了解当密钥泄露时系统是否具备应急处理和响应措施;了解系统在密钥使用过程中相关功能是否符合给定的技术实施要求。

⑧ 查看系统提供的数据加密处理操作,判断密钥的使用、管理过程是否安全;查看公

钥验证过程的正确性与有效性;对测试用户进行密钥更新操作,以便查看相关过程是否安全;查验系统是否使用符合相关法规和标准要求的密码算法对相关密钥进行保护。

⑨ 结合技术文档,了解系统内部是否具有较为完善的密钥恢复备份机制;了解系统中密钥的备份策略和备份密钥的存储方式、存储位置等技术细节内容;了解系统内部是否使用了专用存储设备来存储、管理相关的备份密钥,所使用的存储设备是否经过国家密码管理部门的核准;了解系统内部是否具有较为完善的密钥备份审计信息;了解系统中密钥备份操作的审计内容(审计信息至少包括备份或恢复的主体,备份或恢复的时间等)、审计记录存储方式、存储位置等技术细节内容。

⑩ 查看系统中备份密钥的存储状态,确认密钥备份功能的正确性与有效性;查看系统所使用的备份密钥存储设备是否经过国家密码管理部门的核准;查看系统中的密钥备份审计记录,以验证密钥备份审计功能的正确性与有效性。

⑪ 结合技术文档,了解系统内部归档的密钥记录、审计信息;了解系统是否具有较为完善的安全保护、防泄露机制;了解系统内部是否使用了专用存储设备来存储、管理相关的归档密钥,所使用的存储设备是否经过国家密码管理部门的核准。

⑫ 结合技术文档,了解系统内部不同密钥存储介质的销毁机制;了解系统中的密钥销毁策略、密钥销毁方式等细节内容;了解系统内部是否具有普通介质存储密钥的销毁机制;了解系统内部是否具有专用设备存储密钥的销毁机制;了解系统内部各销毁机制是否确保密钥销毁后无法恢复。

7.4.4　综合测评

完成以上测评后,测评人员需要先对单元测评结果进行判定,并在单元判定结果之上对被测信息系统进行整体测评。在进行整体测评过程中,部分单元测评结果可能会有变化,需进一步对单元测评结果进行修正。修正完成之后再进行风险分析和评价,并形成最终的被测信息系统密码应用安全性评估测评结论。

此外,测评人员还应对可能影响信息系统密码安全的风险进行综合测评。密码是信息系统安全的基础支撑,但即便密码在信息系统中合规、正确、有效地应用,也不意味着密码应用就是绝对安全的。信息系统自身若存在安全漏洞或面临安全风险,将直接威胁到系统的密码应用安全,严重的可造成密钥的泄露和密码技术的失效,因此,需根据被测信息系统所承载的业务、部署环境以及与其他系统的连接等情况,综合分析判断信息系统密码应用安全可能面临的外在安全风险,并通过渗透测试、逆向分析等手段对这些风险进行有效验证和分析。

7.5　密码应用安全性评估测评工具

本节根据国家密码管理局发布的《商用密码应用安全性评估测评工具使用需求说明书》,介绍密码应用安全性评估中涉及的测评工具。

测评工具体系主要包括通用测评工具、工具管理平台、专用测评工具等,如图 7-4 所示。

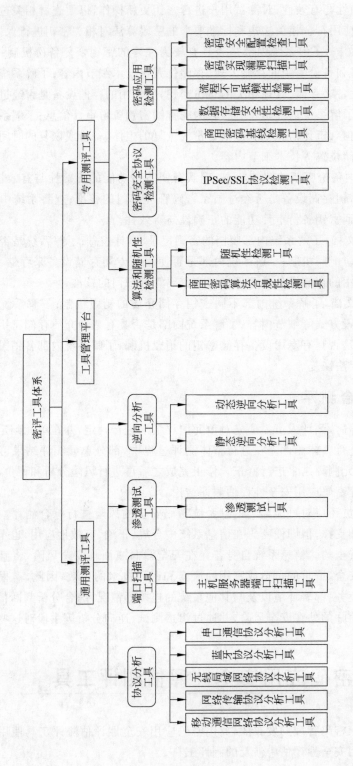

图 7-4 密评工作测评工具体系逻辑框图

7.5.1　通用测评工具

通用测评工具是指在开展商用密码应用系统安全评估过程中,不限定应用于某一特殊领域、行业,具有一定普适性的检测工具。通用测评工具不直接分析密码算法、密码协议、密码产品的合规性、正确性、有效性。

1. 协议分析工具

协议分析工具主要用于对常见通信协议进行抓包、解析分析,支持对常见的网络传输协议、串口通信协议、蓝牙协议、移动通信协议(3G、4G)、无线局域网协议等进行协议抓包解析。捕获解析的协议数据应能够作为测评人员分析评估通信协议情况的可信依据。

对应测评工具包括网络传输协议分析工具、无线局域网络协议分析工具、蓝牙协议分析工具、串口通信协议分析工具、移动通信网络协议分析工具等。

2. 端口扫描工具

端口扫描工具主要用于探测和识别被测信息系统中的服务器密码机、数据库服务器等设备开放的端口服务,以帮助测评人员分析和判断被测信息系统中的密码产品(含密码应用产品)是否正常开启密码服务。

对应测评工具包括主机服务器端口扫描工具等。

3. 逆向分析工具

逆向分析工具是指在没有源代码的情况下,通过分析应用程序可执行文件二进制代码,探究应用程序内部组成结构及工作原理的工具,一般分为静态分析工具和动态分析工具。逆向分析工具主要用于对被测信息系统中重要数据保护强度的深入分析,支持对常见格式文件的静态分析,以及对应用程序的动态调试分析。

对应测评工具包括静态逆向分析工具、动态逆向调试工具等。

4. 渗透测试工具

渗透测试工具主要用于对被测信息系统可能存在的影响信息系统密码安全的风险进行检测识别,支持对被测信息系统开展已知漏洞探测、未知漏洞挖掘和综合测评,并尝试通过多种手段获取系统敏感信息。测评结果能够作为测评人员分析评估被测信息系统密码应用安全的可信依据。

对应测评工具包括渗透测试工具等。

7.5.2　专用测评工具

专用测评工具用于检测和分析被测信息系统的密码应用的合规性、正确性和有效性的一部分或全部环节,可以简化测评人员的工作,提高工作效率。

专用测评工具的检测结果能够作为测评人员分析判断被测信息系统的密码应用是否正确、合规、有效的可信依据。

对应测评工具包括以下几种。

(1)算法和随机性检测工具:商用密码算法合规性检测工具(支持 SM2、SM3、SM4、

ZUC、SM9 等商用密码算法)、随机性检测工具、数字证书格式合规性检测工具。

（2）密码安全协议检测工具：IPSec/SSL 协议检测工具等。

（3）密码应用检测工具：商用密码基线检测工具、数据存储安全性检测工具、流程不可抵赖性检测工具、密码实现漏洞扫描工具、密码安全配置检查工具等。

操作与实践

1. 验证在智能 IC 卡或智能密码钥匙未使用或错误使用时，相关密码应用过程（如鉴别）不能正常工作，可以尝试采用以下方法进行验证。

（1）使用错误的原用户 PIN 认证，应不成功。

（2）尝试修改成小于 6 个字符的口令，应不成功。

（3）修改用户 PIN 成功后，再使用修改前的用户 PIN 作为原用户 PIN 修改用户 PIN，应不成功。

2. 使用 Wireshark 抓取 SSL 协议中的密码套件。

（1）选择访问目标 Web 服务时计算机使用的网卡，根据实际情况而定。选择网卡之后，再访问目标服务，否则可能缺失某些数据包。

（2）通过 Web 浏览器访问一个 HTTPS Web 服务，如 https://cn.bing.com/。

（3）Wireshark 此时应该已捕获到数据包，可停止捕获以免数据包过多造成不必要的干扰。在过滤器输入 tls 或 ssl 进行过滤，只显示 tls 的数据包，同时还需注意源 IP 和目的 IP，必要时可添加过滤 IP。

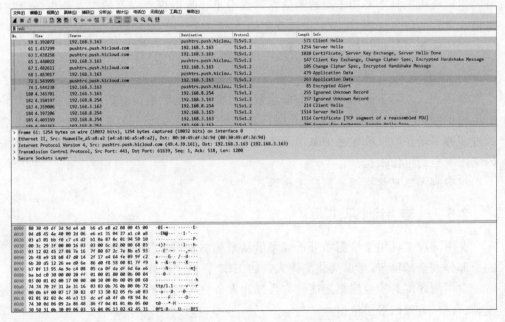

① 重点关注 Client Hello 与 Server Hello 数据包。首先解析 Client Hello，先选中 Client Hello 报文并依次展开"Secure Sockets Layer "→"TLSv1. 2 Record Layer:

Handshake Protocol：Client Hello"→"Handshake Protocol：Client Hello"→"Cipher Suites"，从中可以看到客户端支持的密码套件。

No.	Time	Source	Destination	Protocol	Length	Info
59	1.392072	192.168.3.163	pushtrs.push.hiclou...	TLSv1.2	571	Client Hello
61	1.437299	pushtrs.push.hicloud.com	192.168.3.163	TLSv1.2	1254	Server Hello
63	1.438258	pushtrs.push.hicloud.com	192.168.3.163	TLSv1.2	1020	Certificate, Server Key Exchange, Server Hello Done
65	1.440022	192.168.3.163	pushtrs.push.hicloud...	TLSv1.2	147	Client Key Exchange, Change Cipher Spec, Encrypted Handshake Message
67	1.482611	pushtrs.push.hicloud.com	192.168.3.163	TLSv1.2	105	Change Cipher Spec, Encrypted Handshake Message
68	1.483017	192.168.3.163	pushtrs.push.hicloud...	TLSv1.2	479	Application Data
72	1.543995	192.168.3.163	pushtrs.push.hicloud...	TLSv1.2	263	Application Data
74	1.544238	pushtrs.push.hicloud.com	192.168.3.163	TLSv1.2	85	Encrypted Alert
180	4.345701	192.168.3.163	192.168.8.254	TLSv1.2	255	Ignored Unknown Record
182	4.350197	192.168.8.254	192.168.3.163	TLSv1.2	357	Ignored Unknown Record
183	4.359006	192.168.3.163	192.168.8.254	TLSv1.2	214	Client Hello
184	4.397206	192.168.8.254	192.168.3.163	TLSv1.2	1514	Server Hello
185	4.403359	192.168.8.254	192.168.3.163	TLSv1.2	1514	Certificate [TCP segment of a reassembled PDU]
186	4.403262	192.168.8.254	192.168.3.163	TLSv1.2	396	Server Key Exchange, Server Hello Done

```
Version: TLS 1.2 (0x0303)
> Random: 29c3fe73b4937a3245d15674264343f3f08ccbf224b1073a02...
  Session ID Length: 32
  Session ID: 811e877238854bd02a96dfbe85638e8f7556a53be1b8638f...
  Cipher Suites Length: 62
v Cipher Suites (31 suites)
    Cipher Suite: TLS_AES_256_GCM_SHA384 (0x1302)
    Cipher Suite: TLS_CHACHA20_POLY1305_SHA256 (0x1303)
    Cipher Suite: TLS_AES_128_GCM_SHA256 (0x1301)
    Cipher Suite: TLS_ECDHE_ECDSA_WITH_AES_256_GCM_SHA384 (0xc02c)
    Cipher Suite: TLS_ECDHE_RSA_WITH_AES_256_GCM_SHA384 (0xc030)
    Cipher Suite: TLS_DHE_RSA_WITH_AES_256_GCM_SHA384 (0x009f)
    Cipher Suite: TLS_ECDHE_ECDSA_WITH_CHACHA20_POLY1305_SHA256 (0xcca9)
    Cipher Suite: TLS_ECDHE_RSA_WITH_CHACHA20_POLY1305_SHA256 (0xcca8)
    Cipher Suite: TLS_DHE_RSA_WITH_CHACHA20_POLY1305_SHA256 (0xccaa)
```

② 选中 Server Hello 报文后，依次展开"Secure Sockets Layer "→"TLSv1.2 Record Layer：Handshake Protocol：Server Hello"→"Handshake Protocol：Server Hello"→"Cipher Suite"，从中可以看到客户端与服务端协商的密码套件，示例中为 TLS_ECDHE_RSA_WITH_AES_256_GCM_SHA384(0xc030)。

No.	Time	Source	Destination	Protocol	Length	Info
59	1.392072	192.168.3.163	pushtrs.push.hiclou...	TLSv1.2	571	Client Hello
61	1.437299	pushtrs.push.hicloud.com	192.168.3.163	TLSv1.2	1254	Server Hello
63	1.438258	pushtrs.push.hicloud.com	192.168.3.163	TLSv1.2	1020	Certificate, Server Key Exchange, Server Hello Done
65	1.440022	192.168.3.163	pushtrs.push.hiclou...	TLSv1.2	147	Client Key Exchange, Change Cipher Spec, Encrypted Handshake Message
67	1.482611	pushtrs.push.hicloud.com	192.168.3.163	TLSv1.2	105	Change Cipher Spec, Encrypted Handshake Message
68	1.483017	192.168.3.163	pushtrs.push.hicloud...	TLSv1.2	479	Application Data
72	1.543995	192.168.3.163	pushtrs.push.hicloud...	TLSv1.2	263	Application Data
74	1.544238	pushtrs.push.hicloud.com	192.168.3.163	TLSv1.2	85	Encrypted Alert
180	4.345701	192.168.3.163	192.168.8.254	TLSv1.2	255	Ignored Unknown Record
182	4.350197	192.168.8.254	192.168.3.163	TLSv1.2	357	Ignored Unknown Record
183	4.359006	192.168.3.163	192.168.8.254	TLSv1.2	214	Client Hello
184	4.397206	192.168.8.254	192.168.3.163	TLSv1.2	1514	Server Hello
185	4.403359	192.168.8.254	192.168.3.163	TLSv1.2	1514	Certificate [TCP segment of a reassembled PDU]
186	4.403262	192.168.8.254	192.168.3.163	TLSv1.2	396	Server Key Exchange, Server Hello Done

```
  Content Type: Handshake (22)
  Version: TLS 1.2 (0x0303)
  Length: 108
v Handshake Protocol: Server Hello
    Handshake Type: Server Hello (2)
    Length: 104
    Version: TLS 1.2 (0x0303)
  > Random: 12024527087e167f80872c7e8be5932bf8e918b847d0142f...
    Session ID Length: 32
    Session ID: d55122Geed0Ge86d0f85800817ff9b70f1395de9ec4080Sca...
    Cipher Suite: TLS_ECDHE_RSA_WITH_AES_256_GCM_SHA384 (0xc030)
    Compression Method: null (0)
    Extensions Length: 32
```

思考题

1. 选用不同安全等级的密码产品时，应该考虑哪些因素？

2. 密码模块在 11 个安全域达到的安全等级与密码模块整体安全等级有什么关系？

3. 密码应用安全性评估与商用密码产品检测是什么关系？

4. 除对密码在信息系统中合规、正确、有效地应用进行评估外，为何还需对可能影响信息系统密码安全的风险进行综合测评？

5. 密码测评的总体要求与《信息系统密码应用基本要求》以及其他条款的关系是什么？

参考文献

[1] 《商用密码知识与政策干部读本》编委会. 商用密码知识与政策干部读本[M]. 北京：人民出版社,2017.

[2] 霍炜,郭启全,马原. 商用密码应用与安全性评估[M]. 北京：电子工业出版社,2020.

[3] GM/T 0008—2012,安全芯片密码检测准则[S].

[4] GM/T 0016—2012,智能密码钥匙密码应用接口规范[S].

[5] GM/T 0017—2012,智能密码钥匙密码应用接口数据格式规范[S].

[6] GM/T 0028—2014,密码模块安全要求[S].

[7] GM/T 0054—2018,信息系统密码应用基本要求[S].

第 8 章

密码学新进展

经过漫长的学习之旅,Bob 已经学会了密码学的相关知识,但是看到新闻上说的我国的量子计算机"九章"、量子卫星"墨子号"、全同态加密等新名词时,还是一脸懵懂,他就去请教 Alice,Alice 找了几个问题让 Bob 查找资料。

(1) 量子计算机是什么? 它能否破解所有的密码算法? 它的出现对现代密码学有什么影响?

(2) 量子密码是什么? 量子卫星和量子密码的关系是什么?

(3) 全同态加密算法有哪些? 它们现在可以投入使用了吗?

为了解答上面的疑惑,Bob 再次踏上了新的学习征程,开启一段新课程的学习。通过学习后量子密码算法这一节,可以了解量子计算机对现代密码学的影响;通过学习全同态加密、量子密码等新技术,可以了解全同态加密和量子密码的基本方法和理论。

8.1 量子计算机和后量子密码学

后量子密码是能够抵抗量子计算机对现有密码算法攻击的新一代密码算法。

所谓"后",是因为量子计算机的出现,现有的绝大多数公钥密码算法(RSA、Diffie-Hellman、椭圆曲线等)能被足够大和稳定的量子计算机攻破,所以可以抵抗这种攻击的密码算法可以在量子计算及其之后存活下来,因此被称为"后"量子密码,也有人称之为"抗量子密码",英文中的表述是"Post-quantum Cryptography(PQC)",或者"Quantum-resistant Cryptography"。

简单地说,量子计算机是一种可以实现量子计算的机器,是一种通过量子力学规律以实现数学和逻辑运算,具有处理和存储信息能力的系统。它以量子态为记忆单元和信息存储形式,以量子动力学演化为信息传递与加工基础的量子通信与量子计算,在量子计算机中其硬件的各种元件的尺寸达到原子或分子的量级。量子计算机是一个物理系统,它能存储和处理用量子比特表示的信息。量子计算机的特点主要有运行速度较快、处置信息能力较强、应用范围较广等。与一般计算机比较,信息处理量越大,对量子计算机实施运算就越有利,也就更能确保运算具备精准性。

20 世纪 80 年代初期,Benioff 首先提出了量子计算的思想,他设计了一台可执行的、有经典类比的量子 Turing 机——量子计算机的雏形。1982 年,Feynman 发展了 Benioff

的设想,提出量子计算机可以模拟其他量子系统。为了仿真模拟量子力学系统,Feynman提出了按照量子力学规律工作计算机的概念,这被认为是最早量子计算机的思想。1994年,AT&T 公司的 Perer Shor 博士发现了因子分解的有效量子算法。1996 年,S.Loyd 证明了 Feynman 的猜想,他指出模拟量子系统的演化将成为量子计算机的一个重要用途,量子计算机可以建立在量子图灵机的基础上。从此,随着计算机科学和物理学间跨学科研究的突飞猛进,量子计算的理论和实验研究蓬勃发展,量子计算机的发展开始进入新的时代,各国政府和各大公司也纷纷制订了一系列针对量子计算机的研究开发计划。

全球第一家量子计算公司 D-Wave 于 2015 年 6 月 22 日宣布其突破了 1000 量子位的障碍,开发出了一种新的处理器,其量子位为上一代 D-Wave 处理器的两倍左右,并远超 D-Wave 或其他任何同行开发的产品的量子位。2017 年 3 月 6 日,IBM 公司宣布将于年内推出全球首个商业"通用"量子计算服务。IBM 公司表示,此服务配备有直接通过互联网访问的能力,在药品开发以及各项科学研究上有变革性的推动作用,已开始征集消费用户。除 IBM 公司,其他公司还有英特尔、谷歌以及微软等,也在实用量子计算机领域进行探索。

2020 年 12 月 4 日,中国科学技术大学宣布该校潘建伟等成功构建了 76 个光子的量子计算原型机"九章",求解数学算法高斯玻色取样只需 200s,而目前世界上最快的超级计算机要用 6 亿年。这一突破使中国成为全球第二个实现"量子优越性"的国家。与此同时,国际学术期刊《科学》发表了该成果,审稿人评价这是"一个最先进的实验""一个重大的成就"。2021 年 2 月 8 日,中国科学院量子信息重点实验室的科技成果转化平台合肥本源量子科技公司,发布具有自主知识产权的量子计算机操作系统"本源司南"。

公钥密码算法安全性依赖的数学问题可以被高效的量子算法所解决。因为底层依赖的数学问题被解决,所以这些公钥密码算法不再安全。这些数学问题包括离散对数(即椭圆曲线版本)、大整数分解等,这直接影响目前使用的 RSA、Diffie-Hellman、椭圆曲线等算法。关于对称密码算法和 Hash 函数(如 AES、SHA-1、SHA-2 等),量子计算会把对称算法的密钥强度减少,这样对该类算法会有一定影响,但是通过调整参数可以继续使用。

美国国家标准与技术研究院(NIST)后量子密码团队负责人 Dustin Moody 在 AsiaCrypt 2017 会议上用图 8-1 总结了量子计算机对现代密码算法的影响。从图 8-1 中可以看到:

(1) 公钥密码算法,红色叉,需要后量子密码算法代替。

(2) 对称密码算法,蓝色框,不那么紧迫需要新算法代替,可以通过调整参数解决。

后量子密码就是能够抵抗量子计算机对现有密码算法攻击的新一代密码算法,作为未来逐渐代替 RSA、Diffie-Hellman、椭圆曲线等现行公钥密码算法的密码技术,它正被越来越多的人所了解。

密码学界很早就在研究可以抵抗量子计算机攻击的密码算法,最早可以追溯到 1978/1979 年的 McEliece 加密、Merkle Hash 签名等。但那时量子计算机对密码算法的威胁并没有很明确,也没有"后量子"的概念。所以,直到最近十几年,后量子密码的重要性逐渐显现出来。

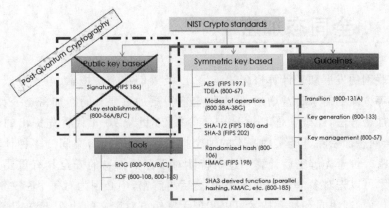

图 8-1　量子计算机对现代密码算法的影响

NIST 早在 2012 年就启动了后量子密码的研究工作,并于 2016 年 2 月启动了全球范围内的后量子密码标准征集,NIST 主要聚焦于 3 类后量子密码算法的征集,即加密、密钥交换和数字签名。截至 2017 年 11 月 30 日,NIST 共收到 82 个算法草案。初步筛选后,NIST 公布了 69 个"完整且适合"的草案。第一轮持续到 2019 年 1 月,在此期间,基于它们的安全性、性能和其他特性,NIST 选择 26 种算法推进到第二轮进行更多的分析。2020 年 7 月 22 日,NIST 确定了被选中的算法进入第三轮比赛。第三轮入围公钥加密和密钥交换的算法有 Classic McEliece、CRYSTALS-KYBER、NTRU 和 SABRE。数字签名的第三轮决赛入围者是 CRYSTALS-DILITHIUM(锂电池)、FALCON(猎鹰)和 Rainbow(彩虹签名)。这些决赛入围者将在第三轮结束时进行标准化。此外,还有 8 种备选候选算法也已晋级第三轮:BIKE、FrodoKEM、HQC、NTRU Prime、SIKE、GeMSS、Picnic 和 SPHINCS+。这些候选名单仍在考虑标准化。

实现后量子密码算法主要有以下 4 种途径:①基于 Hash(Hash-based),最早出现于 1979 年,主要用于构造数字签名,其代表算法有 Merkle 哈希树签名、XMSS、Lamport 签名等;②基于编码(Code-based),最早出现于 1978 年,主要用于构造加密算法,其代表算法有 McEliece;③基于多变量(Multivariate-based),最早出现于 1988 年,主要用于构造数字签名、加密、密钥交换等,其代表方法/算法有 HFE(Hidden Field Equations)、Rainbow(Unbalanced Oil and Vinegar(UOV)方法)、HFEv-等;④基于格(Lattice-based),最早出现于 1996 年,主要用于构造加密、数字签名、密钥交换,以及众多高级密码学应用,如属性加密(Attribute-based Encryption)、陷门函数(Trapdoor Functions)、伪随机函数(Pseudorandom Functions)、同态加密(Homomorphic Encryption)等,其代表算法有 NTRU 系列、NewHope(Google 测试过的)、一系列同态加密算法(BGV、GSW、FV 等)。

后量子密码算法,作为未来 10 年较重要和前沿的密码技术,将对现有的公钥密码体制产生极为重要而深远的影响;作为 RSA、Diffie-Hellman、椭圆曲线等现行公钥密码算法的代替品,提早理解算法及其应用场景对于未来的信息安全和密码学具有重要的意义。

8.2　全同态加密

随着互联网的发展和云计算概念的诞生,以及人们在密文搜索、电子投票、移动代码和多方计算等方面的需求日益增加,同态加密变得更加重要。同态加密是一类具有特殊自然属性的加密方法,此概念是 Ron Rivest 等在 20 世纪 70 年代首先提出的,与一般加密算法相比,同态加密除了能实现基本的加密操作,还能实现密文间的多种计算功能,即先计算后解密等价于先解密后计算。这个特性对于保护信息的安全具有重要意义,利用同态加密技术可以先对多个密文进行计算,之后再解密,不必因为对每个密文解密而花费高昂的计算代价;利用同态加密技术可以实现无密钥方对密文的计算,密文计算无须经过密钥方,这样既可以降低通信代价,又可以转移计算任务,由此可平衡各方的计算代价;利用同态加密技术可以实现让解密只能获知最后的结果,而无法获得每个密文的消息,可以提高信息的安全性。

正是由于同态加密技术在计算复杂性、通信复杂性与安全性上的优势,越来越多的研究力量投入其理论和应用的探索中。同态加密如图 8-2 所示。近年来,云计算受到广泛关注,而它在实现中遇到的问题之一即如何保证数据的私密性,同态加密可以一定程度上解决这个技术难题。

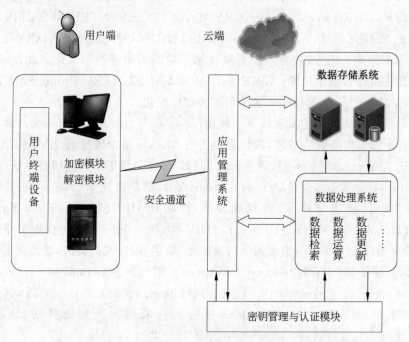

图 8-2　同态加密

2009 年,Craig Gentry 给出全同态加密的构造前,很多加密方案都具有部分同态的性质。实际上,最经典的 RSA 加密,其本身对于乘法运算就具有同态性。ElGamal 加密方案同样对乘法具有同态性。Pascal Paillier 在 1999 年提出的加密方案也只对一种运算具有同态性,而且是可证明安全的加密方案。

2009 年,IBM 公司的研究人员 Gentry 首次设计出一个真正的全同态加密体制,即可以在不解密的条件下对加密数据进行任何可以在明文上进行的运算,使得对加密信息仍能进行深入和无限的分析,而不会影响其机密性。这一系统基于理想格(Ideal Lattice)的假设。Gentry 在 2009 年提出的全同态系统,往往称为第一代全同态加密系统。2011 年,Brakerski 和 Vaikuntanathan 提出了一个新的全同态加密体系,这一体系基于格(Lattice)加密的另一种假设——Learning With Errors(LWE)。同年,Brakerski、Gentry 与 Vaikuntanathan 一起完成了这个体系,并且正式发表。他们发明的全同态系统简称为 BGV 系统。BGV 系统是一个有限级数的同态加密系统,但是可以通过 Bootstrapping 的方式变成全同态系统。BGV 系统与 Gentry 在 2009 年提出的系统相比,使用了更加实际的 LWE 假设。一般来说,BGV 系统被称为第二代全同态加密系统。2013 年,Gentry、Sahai 和 Waters 推出新的 GSW 全同态加密系统。GSW 系统和 BGV 系统相似,本身具有有限级数全同态性质,基于更加简单的 LWE 假设,并且通过 Bootstrapping 可以达到全同态。一般把 GSW 系统称为第三代全同态加密系统。后来,基于三代全同态系统,出现了各种各样新的设计,致力于优化和加速 BGV 与 GSW 系统的运行效率。

现在主流的研究方案包括 FHEW、TFHE、GSW、BGV、BFV 和 CKKS。其中 FHEW、TFHE、GSW 为布尔电路上的实现,其可以进行快速比较,支持任意布尔电路运算,而且可以进行快速的 Bootstrapping,也就是快速的噪声刷新过程,减少因密文计算而产生的噪声,减小失败的可能性。BGV、BFV 是算术电路上的实现,其可以在整数向量上进行高效的 SIMD 计算(批处理),可以进行快速高精度整数算术、快速向量的标量乘法,通常不使用 Bootstrapping,而是分层设计(Leveled Design),而 CKKS 算法则是 2017 年才提出的,其可以进行快速多项式近似计算和相对快速的倒数和离散傅里叶变换深度近似计算,如逻辑回归学习。可以在实数向量上进行高效的 SIMD 计算。也有人把 CKKS 称为第四代全同态加密算法。现阶段已经有非常多的成熟同态加密库,主要包含 cuFHE、FHEW、FV-NFLib、HEAAN、HElib、PALISADE、SEAL、TFHE 和 Lattigo。

同态加密技术允许用户将敏感的信息加密后存储在云服务商服务器内,使用云服务提供的便捷、快速和水平扩展的处理能力而无须担心数据泄露给云服务商。当前,同态密码的效率还不足以完全满足商业场景的需求,为提高全同态加密的效率,密码学界对其研究与探索仍在不断推进,这将使得全同态加密越来越向实用化靠近。

8.3　量子密码

量子密码是密码学领域一个非常有前景的新方向,其安全性是基于量子力学的海森堡测不准原理。如果想破解量子密码,意味着首先要攻破量子力学定律。通过使用量子密钥分配方法,再结合一次一密的密码体制,可以使得量子密码达到理论上的无条件安全性。量子密码不仅可以实现无条件安全性,还可以抵抗敌手的窃听。一旦通信过程中存在非法窃听时,敌手的行为会干扰到量子态,使得窃听行为可以被检测出来。

1969 年,哥伦比亚大学的 Wiesner 第一次提出利用量子物理性质对信息进行加密。但当时人们并没有广泛接受这一思想。1984 年,IBM 公司的 Bennett 和 Montréal 大学的 Brassard 基于上述思想,提出了第一个量子密钥分配协议,即著名的 BB84 协议。BB84 协议和之后提出的 BBM92 协议、MDI-QKD 协议是国际上通用的 3 个量子密钥分发协议。自从 BB84 协议提出以来,增加安全通信距离、提高安全成码率,以及提高现实系统安全性就成为实用性量子密钥分发研究的 3 个重要目标。

2002 年 10 月,德国慕尼黑大学和英国军方的研究机构合作,用激光成功地传输了距离达 23.4km 的量子密码。2003 年 7 月,在中国科学技术大学成功铺设了总长 3.2km 的一套基于量子密码的保密通信系统,该系统可以进行文本和实时动态图像的传输,刷新率达 20f/s,满足了网上保密视频会议的要求。2012 年 8 月 11 日,我国科学家潘建伟等在国际上首次成功实现百千米量级的自由空间量子隐形传态和纠缠分发,为发射全球首颗"量子通信卫星"奠定技术基础。国际权威学术期刊《自然》杂志重点介绍了该成果。

2016 年 8 月 16 日 01 时 40 分,由中国科学技术大学主导研制的世界首颗量子科学实验卫星"墨子号"在酒泉卫星发射中心用长征二号丁运载火箭成功发射升空。"墨子号"是中国科学院空间科学先导专项中首批确定立项研制的 4 颗科学实验卫星之一,它的成功发射和在轨运行,不仅将助力我国广域量子通信网络的构建,服务于国家信息安全,还将开展对量子力学基本问题的空间尺度实验检验,加深人类对量子力学自身的理解。

从世界上第一个距离仅为 32cm 的量子通信演示实验,到如今中国科研团队实现的跨越 4600km 的星地量子密钥的分发实验,这标志着人类在量子通信领域中取得了巨大科技进步。

下面介绍 BB84 量子密钥分配协议的内容,如图 8-3 所示。

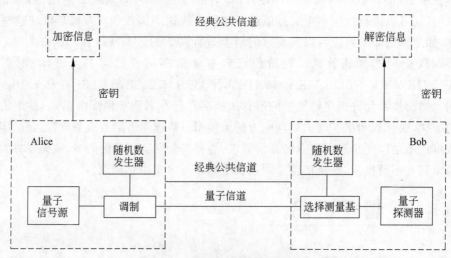

图 8-3   BB84 量子密钥分配协议

(1) 用户 Alice 准备一个光子序列,每个光子随机地处于四种形态之一。将这个光子序列发送给用户 Bob。

(2) 用户 Bob 对接收到的每个光子都随机选择一组基,进行测量。

（3）用户 Bob 利用经典的公开信道告诉用户 Alice 测量每个光子所用的测量基。

（4）用户 Alice 告诉用户 Bob 哪些光子他们选择了相同的测量基。同时，双方把不同测量基的那些光子对应的数据丢弃。

（5）最后双方将对应的每个光子按照约定转换成经典的 0,1 比特，从而得到一串经典的密钥。

（6）用户 Alice 和 Bob 检测窃听，具体做法是：从密钥中随机选择一部分比特进行公开，若比特率小于安全阈值，则协议继续；否则，协议终止。

（7）最终，用户 Alice 和 Bob 对剩余的密钥进行纠错和保密增强处理，获得无条件安全的密钥。

思考题

1. 通过查找资料了解量子计算机的最新研究进展。
2. 通过查找资料了解我国在量子密码领域的最新研究成果。
3. 通过查找资料了解后量子密码算法相关标准的制定工作。
4. 学习常用的全同态加密算法库的使用。

参考文献

[1]　章岩庠. 量子计算机的原理、发展及应用[J]. 内燃机与配件,2018(7)：224-225.

[2]　林红帆. 量子计算机发展趋势研究[J]. 数字技术与应用,2017(12)：223-224.

[3]　韩哲欣,谷国太,肖汉. 量子计算机的研究与应用[J]. 河南科学,2015(9)：1559-1563.

[4]　张建奋. 量子计算机的概念原理与展望[J]. 物理通报,2015(4)：125-128.

[5]　邹奕成,毛杰. 量子计算机的发展[J]. 科教导刊-电子版(下旬),2016(8)：131.

[6]　任纪荣. 量子计算机的发展及应用前景[J]. 电子世界,2018(1)：97,99.

[7]　赵海燕,王向前,马艺. 量子密码学结合 Grover 搜索的大数据安全认证方案[J]. 湘潭大学自然科学学报,2016(4).

[8]　吴杨梓. 量子密码学的诞生[J]. 光明日报,2015-11-06.

[9]　刘传才. 量子密码学的研究进展[J]. 小型微型计算机系统,2003(7).

[10]　王勇,王伟,范俊波. 量子密码学的安全性商磋[J]. 计算机安全,2002(11).

附录 A　数学基础

1. 整除和同余

1）整除

定义 1　设 a,b 是两个整数，如果存在另一个整数 m，使得 $a=mb$，则称 b 整除 a，记为 $b|a$，且称 b 是 a 的因子，否则称 b 不整除 a。

定义 2　设 c 是两个整数 a,b 的最大公因子，如果

（1）c 是 a 的因子，也是 b 的因子，即 c 是 a,b 的公因子。

（2）a 和 b 的任一公因子，也是 c 的因子。

最大公因子可表示为 $c=(a,b)$。

例如，$300=2^2 \times 3^1 \times 5^2$，$18=2^1 \times 3^2$，那么 $(18,300)=2^1 \times 3^1 \times 5^0=6$。

定义 3　如果 $(a,b)=1$，则称 a 和 b 互素。

2）同余

思考这几个问题：今天是星期五，3 天以后是星期几？今天是星期五，10 天以后是星期几？今天是星期五，1000 天以后是星期几？今天是星期五，2^{1000} 天以后是星期几？

上述问题的核心是 $3,10,1000,2^{1000}$ 被 7 除的余数问题，也就是下面要考虑的同余问题。

如果 a 是一个整数，n 是正整数，则定义 a 除以 n 所得的余数为：a 模 n。整数 n 称为模数。求余数的运算用 mod 表示。若 a 除以 b 的余数是 r，则记为 $a \bmod b=r$。

例如，3 和 -9 除以 12 的余数相同，即 $3 \bmod 12=(-9) \bmod 12=3$。

定义 4　对于两个整数 a 和 b，给定一个整数 n，如果 n 分别除 a 和 b 余数相同，那么称 a 和 b 关于模 n 同余，记为 $a \equiv b (\bmod n)$。

任意整数 a，总可以写成如下形式

$$a=qn+r, \quad 0 \leqslant r < n; \quad q=\lfloor a/n \rfloor$$
$$a=\lfloor a/n \rfloor \times n+(a \bmod n)$$

例如，$11 \bmod 7=4$

同余具有以下性质。

- **自反性**　即 $a \equiv a (\bmod n)$。
- **对称性**　若 $a \equiv b (\bmod n)$，则 $b \equiv a (\bmod n)$。
- **传递性**　若 $a \equiv b (\bmod n)$ 且 $b \equiv c (\bmod n)$，则 $a \equiv c (\bmod n)$。

对于整数 a,b,c,d，如果满足 $a \equiv b (\bmod n)$，$c \equiv d (\bmod n)$，则有

- 同余加法性质 $a+c \equiv (b+d)(\bmod\, n)$
- 同余乘法性质 $ac = bd(\bmod\, n)$

例 1 计算 $5+2^{1000}(\bmod\, 7)$。

解：因为 $5(\bmod\, 7)=5$，$2^3(\bmod\, 7)=8(\bmod\, 7)=1$，所以 $2^{1000}\bmod 7=(2^{3*333}\, *$ $2^1)\bmod 7=2^{3*333}*2(\bmod\, 7)=1*2\bmod 7=2$。

所以 $5+2^{1000}(\bmod\, 7)=5+2(\bmod\, 7)=0$。

从上面的例子可以看出，如果今天是星期五，那么 2^{1000} 天以后是星期日。

3) 素数

素数就是质数，一个大于 1 的自然数，且除了 1 和它本身外，不能被其他自然数整除的数叫素数。换句话说，除了 1 和该数本身以外，不再有其他因数的数被称为素数。

17 世纪，梅森注意到，当 $n=2,3,5,7,13,17,19,31$ 时，$M_n=2^n-1$ 都是素数。但是梅森数并不总是素数，比如 $M_{11}=2047=23\times89$。1876 年，卢卡斯用他发现的判别法证明了 M_{127} 是素数。目前已经知道有 48 个梅森素数，已经发现的最大的梅森素数是 $2^{57885161}-1$（在 2013 年发现，此数字的十进制长度是 17425170 位）。这是目前已知的最大素数。梅森数常用来检测素性检测算法的性能。

生成合适的素数 p 和 q 是 RSA 公钥密码算法中密钥生成和安全性的关键。素数生成的办法是：随机选择一个大小合适的数，然后测试该数是不是素数。这里随机选择比从一个固定表中选择素数要安全得多。虽然在 2002 年，3 个印度高中生 Agrawal、Kayal 和 Saxena 证明了存在一个素性判定的多项式时间的确定性算法，但是其效率不如概率判定算法。因此，在实际应用中，素性检测仍然主要利用概率多项式时间算法。

(1) 大家可能会有几个疑问：素数会不会用完？素数有无穷多个吗？素数在自然数中占的比例如何？是否能快速找到一个素数？

定理 1 素数定理：设 $\pi(x)$ 表示小于或等于 x 的素数的个数，则

$$\lim_{x\to\infty}\frac{\pi(x)}{x/\ln x}=1$$

该定理表明，当 x 充分大时，$\pi(x)$ 约等于 $x/\ln x$。对于正整数 N，不超过 N 的素数数量大概为 $N/\ln N$，即任意一个整数，小于 N 且是素数的概率为 $1/\ln N$。

假设生成长度为 512 位的素数（首位不是 0），则长度为 512 位的素数个数为 $\dfrac{2^{513}}{\ln 2^{513}}-$ $\dfrac{2^{512}}{\ln 2^{512}}\approx 10^{151}$。这个数非常大，要知道宇宙中原子的数量也仅为 10^{77}。

任何一个长度为 512 位的数为素数的概率为 $10^{151}/(2^{513}-2^{512})\approx 1/357$，即平均每 357 个长度为 512 位的数中就有一个是素数，其中偶数不用测试，于是平均测试 179 次就可以发现一个长度为 512 位的素数。

那么，为什么不建立素数的数据库，然后利用搜索数据库尝试分解因子？

如果将所有 512 位的素数保存起来，需要 $512\times10^{151}=2^{511.5}$ 位，如果将 10G（$2^{36.3}$ 位）保存在重 1 克的存储设备上，需要的存储设备的总质量为 2^{455} t，这一质量是不可能实现的，将导致系统奔溃，进入黑洞。

下面介绍素数检测算法。一个简单的方法就是检测任何不大于 $\sqrt{n}$ 的素数是否能整除 n 来确定 n 是不是素数，显然在实际中需要更高效的算法。

例 2 如何判定 19 是素数？

用 2 到 $\sqrt{19}$ 的所有整数去除 19，我们知道 2 到 $\sqrt{19}$ 的所有整数都不整除 19，这样就可以判定 19 是素数。

这种算法称为爱拉托斯散（Eratosthenes）筛法。

要找不大于 n 的所有素数，先将 2 到 $\sqrt{n}$ 之间的整数都列出，从中删除小于或等于 $\sqrt{n}$ 的所有素数 $2,3,5,7,\cdots$ 的倍数，余下的整数就是所要求的所有素数。

例 3 求不超过 100 的所有素数。

解：因为小于 10 的素数有 2、3、5、7，删去 2~100 的整数中 2 的倍数（保留 2）得

```
 1  2  3  4  5  6  7  8  9 10
11 12 13 14 15 16 17 18 19 20
21 22 23 24 25 26 27 28 29 30
31 32 33 34 35 36 37 38 39 40
41 42 43 44 45 46 47 48 49 50
51 52 53 54 55 56 57 58 59 60
61 62 63 64 65 66 67 68 69 70
71 72 73 74 75 76 77 78 79 80
81 82 83 84 85 86 87 88 89 90
91 92 93 94 95 96 97 98 99 100
```

删去 3 的倍数（保留 3）得

```
 1  2  3     5     7     9
11    13    15    17    19
21    23    25    27    29
31    33    35    37    39
41    43    45    47    49
51    53    55    57    59
61    63    65    67    69
71    73    75    77    79
81    83    85    87    89
91    93    95    97    99
```

删去 5 的倍数（保留 5）得

```
 1  2  3     5     7
11    13          17    19
            23    25          29
31                35    37
41    43          47    49
            53    55          59
61                65    67
71    73          77    79
            83    75          89
91                85    97
```

删去 7 的倍数(保留 7)得

$$
\begin{array}{ccccc}
1 & 2 & 3 & 5 & 7 \\
11 & & 13 & 17 & 19 \\
& & 23 & & 29 \\
31 & & & 37 & \\
41 & & 43 & 47 & 49 \\
& & 53 & & 59 \\
61 & & & 67 & \\
71 & & 73 & 77 & 79 \\
& & 83 & & 89 \\
91 & & & 97 &
\end{array}
$$

此时,余下的数就是不超过 100 的所有素数。爱拉托斯散筛法在判断 n 是否为素数时,要除以小于或等于 $\sqrt{n}$ 的所有素数,当 n 很大时,实际上是不可行的。

那么,当判定的是大整数 230584300921369351039 时怎么办? 此时需要用 $2\sim\sqrt{230584300921369351039}$ 的所有整数去除 230584300921369351039,共需要 480191941 次除法。

- 对于一个 20 位数的判断,约需要 2 小时的时间才结束。
- 对于一个 50 位数的判断,可能需要 100 亿年。
- 要检验一个 100 位数,需要的时间猛增到 10^{36} 年,是指数级增长。

定理 2　Fermat 定理:如果 p 为素数,且 a 是任何介于 1 和 $p-1$ 的整数,则

$$
a^{p-1} \equiv 1 \bmod p
$$

因此,给定需要判定素性的数 p,如果能找到一个 a 使得上式不成立,则 p 是合数。

寻找不同的 t 个不同的 a,验证上式是否成立,如果都成立,那么 p 是素数的概率大于 $1-\dfrac{1}{2^t}$,如果有一个式子不成立,则 p 是合数。

4) 中国剩余定理

早在公元前 4 世纪,战国的《孙子算经》就提出这样一个问题:"今有物 不知其数,三三数之剩二,五五数之剩三,七七数之剩二,问物几何?"《孙子算经》给出的解法是三三数之剩二,置一百四十。五五数之剩三,置六十三。七七数之剩二,置三十。并之,以二百一十减之即得。该方法给出了以下的一元线性同余方程组的解法

$$
\begin{cases}
x \bmod m_1 \equiv a_1 \\
x \bmod m_2 \equiv a_2 \\
\quad\quad\vdots \\
x \bmod m_k \equiv a_k
\end{cases}
$$

《孙子算经》中首次提到同余方程组问题,以及以上具体问题的解法,因此该定理叫中国剩余定理,也叫孙子定理。

根据中国剩余定理,该同余方程的解是

$$
x \equiv (M'_1 M_1 a_1 + M'_2 M_2 a_2 + \cdots + M'_k M_k a_k) \bmod M
$$

其中

$$
M = \prod_{i=1}^{k} m_i = m_i M_i
$$

$$M'_i M_i \equiv 1 \bmod m_i$$

该解法出现在宋朝秦九韶的著名数学著作《数书九章》中，这远远早于西方数学家欧拉、高斯的同类工作。秦九韶称此法为"大衍求一术"。

2. 群、环、域

1）基础概念

定义 5 一个非空集合 G 对于运算＋称为群，假如它满足以下四个运算性质。

（1）封闭性：$a+b \in G$。

（2）结合律：$(a+b)+c=a+(b+c)$。

（3）存在一个单位元 0，使 $a+0=0+a=a$。

（4）存在一个逆元 $-a$，使 $a+(-a)=(-a)+a=0$。

定义 6 集合 G 和定义于其上的二元运算＋和 ×，$(G,+,\times)$ 构成一个环，则它们满足：

（1）$(G,+)$ 是一个交换群，其单位元称为零元素，记作"0"。

（2）"×"满足

封闭性：$a \times b \in G$。

结合律：$(a \times b) \times c = a \times (b \times c)$。

（3）乘法对加法满足：

$$a \times (b+c) = a \times b + a \times c$$
$$(a+b) \times c = a \times c + b \times c$$

域（Field）在交换环的基础上还增加了二元运算除法，要求元素（除零以外）可以做除法运算，即每个非零的元素都要有乘法逆元。域是一种可以进行加、减、乘、除（除 0 以外）的代数结构，是数域与四则运算的推广。整数集合，不存在乘法逆元（1/3 不是整数），所以整数集合不是域。有理数、实数、复数可以形成域，分别叫有理数域、实数域、复数域。

定义 7 集合 R 和定义于其上的二元运算＋和 ×，$(R,+,\times)$ 构成一个域，则它们满足以下条件。

（1）满足环：

① $(R,+)$ 是阿贝尔群，加法封闭、结合律、幺元、逆元、交换律。

② $(R,\cdot)$ 是幺半群，乘法封闭、结合律、幺元。

③ 乘法对加法满足分配律。

（2）乘法除 0 外有逆元。

（3）乘法满足交换律。

2）有限域

有限域是伽罗瓦（Évariste Galois，1811—1832）于 18 世纪 30 年代研究代数方程根式求解问题时引出的，所以也称伽罗瓦域（Galois Field）。它是仅含有限个元素的域，有限域的特征数必为某一素数 p，因此它含的素域同构于 Zp。

若 F 是特征为 p 的有限域，则 F 中元素的个数为 p^n，n 为某一正整数。元素个数相同的有限域是同构的。因此，通常用 $GF(p^n)$ 表示 p^n 元的有限域。有限域在近代编码、计算机理论、组合数学等方面有着广泛的应用。

（1）有限域的乘法结构。域的全体非 0 元素集合构成交换乘群；全体元素集合构成交换加群。有限域的元素个数是有限的。因此，全体非 0 元素集合构成有限乘群，乘群中每个元素的级为有限。并可以证明，该群必由群中的一个元素生成，且是循环群。

（2）有限域的加法结构。在域中必有乘法单位元 1，若作 $1+1+1+\cdots$ 运算，对无限域来说，则有可能 $n \cdot 1 \neq 0$，但在有限域中，$1+1+\cdots+1=0$，否则该域必成为无限域。例如，在 $GF(2)$ 中，$1+1=0$。

3）椭圆曲线

一般地，椭圆曲线的曲线方程是以下形式的三次方程

$$Y^2 + aXY + bY = X^3 + cX^2 + dX + e$$

其中 a,b,c,d,e 是满足某些简单条件的实数，定义中包括一个称为无穷点的元素，记为 O。

椭圆曲线关于 x 轴对称，定义椭圆曲线上的加法（加法法则）如下。

（1）O 为加法单位元，即对椭圆曲线上任一点 P，有 $P+O=P$。

（2）设 Q 和 R 是椭圆曲线上 x 坐标不同的两点，$Q+R$ 的定义如下。

画一条通过 Q、R 的直线与椭圆曲线交于 P_1（这一交点是唯一的，除非所作的直线是 Q 点或 R 点的切线，由 $Q+R+P_1=O$ 得 $Q+R=-P_1$。

（3）点 Q 的倍数定义如下：在 Q 点作椭圆曲线的一条切线，设切线与椭圆曲线交于点 S，定义 $2Q=Q+Q=-S$，类似地，可定义 $3Q=Q+Q+Q$ 等。

（4）设 $P_1=(x,y)$ 是椭圆曲线上的一点，它的加法逆元为 $P_2=-P_1=(x,-y)$。

密码学中通常采用有限域上的椭圆曲线，它指曲线方程定义式中，所有系数都是某一有限域中的元素，其中最常用的是如下定义的曲线：

$$Y^2 = X^3 + aX + b \pmod{p}$$

3. 数学中的困难问题

计算机的诞生，为人类解决复杂的计算和数据处理提供了便利，许多问题可以从手工推导逐渐变成借助计算机求解。但是，仍然有些难解的数学问题，计算机也束手无策。目前，流行的公钥密码方案都是基于数学中的困难问题而设计的。

- 大整数的素因子分解困难性问题：该问题是指"给定整数 n，求解 n 的素因子 p 和 q 使得 $n=p \times q$ 很困难"。1977 年，李维斯特（Rivest）、沙米尔（Shamir）和阿德曼（Adleman）利用大整数分解的困难性，提出了 RSA 公钥密码体制，设计非常巧妙。
- 离散对数困难性问题：该问题是指"给定一个阶很大的循环群及一个生成元 g，若 y 已知，求解 x 使得 $y=g^x$ 很困难"。目前有不少的公钥密码方案是基于该困难性问题设计的，最典型的莫过于 ElGamal 公钥密码体制。
- 椭圆曲线离散对数困难性问题：是指在椭圆曲线上所构造的循环群上定义的离散对数问题，它比普通的离散对数问题更难求解，基于它所设计的椭圆曲线密码体制有许多的优势，是目前公钥密码的发展方向。

4. 复杂性理论

例 4　设 x 是小于 100 的某个整数，问 x 是否为素数？

解：取 $2\sim\sqrt{x}$ 的所有整数，依次试除 x，若存在某个整数可以整除 x，则程序停止，输出 x 为合数，否则输出 x 为素数。这种情况下，最坏试除次数为 $\sqrt{x}$，存储空间为 0。

另一种解法：预先将所有小于 100 的素数存储在寄存器中；然后将 x 与存储器中的元素比较，若存在某个素数等于 x，则程序停止，输出 x 为素数，否则输出 x 为合数。这种情况下，最坏比较次数为 100 以内素数的个数，存储空间为 100 以内素数的个数。

定理 3 素数分布定理：不超过 x 的素数的个数趋近于 $x/\ln x$。

1）算法复杂度

- 时间（计算）复杂性：考虑算法的主要操作步骤，计算执行中所需的总操作次数。
- 空间复杂性：执行过程中所需存储器的单元数目。
- 数据复杂性：信息资源。

不同的编程语言，不同的编译器导致执行一次操作的时间各不相同，为了方便不同算法的比较，通常假定所有计算机执行相同的一次基本操作所需时间相同，而把算法中基本操作执行的最大次数作为执行时间。

定义 8 假设一个算法的计算复杂度为 $O(n^t)$，其中 t 为常数，n 为输入问题的长度，则称该算法的复杂度是多项式的。具有多项式时间复杂度的算法为多项式时间算法。函数 $g(n)=O(n^t)$ 表示存在常数 $c>0$ 和 $n_0\geqslant0$，对一切 $n>n_0$，均有 $g(n)\leqslant c|n^t|$ 成立。也就是说，当 n 足够大时，$g(n)$ 存在上界。二次函数、三次函数、指数函数 2^x 的示意图如图 A-1 所示。

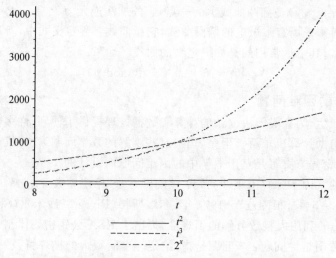

图 A-1 二次函数、三次函数、指数函数 2^x 的示意图

定义 9 非多项式时间算法：算法的计算复杂性写不成 $O(P(n))$ 形式，其中 $P(n)$ 表示 n 的多项式函数。

2）P 问题和 NP 问题

- P 问题：如果一个判定问题存在解它的多项式时间的算法，则称该问题属于 P 类。
- NP 问题：如果一个判定问题不存在解它的多项式时间的算法，且对于一个解答，可以在多项式时间验证其是否正确,则称该问题属于 NP 类。

* 公开问题:P≠NP?

公开问题是 Clay 研究所的七个百万美元大奖问题之一,是密码学算法安全性证明的基础。

例 5　设问题输入长度为 n,在一个每秒运行百万次的计算机上的运行时间如表 A-1 所示。

表 A-1　不同的 n 对应的函数运行时间

n	10	30	50	60
$T(n)=n^2$	0.0001s	0.0009s	0.0025s	0.0036s
$T(n)=2^n$	0.001s	17.9 月	35.7 年	366 世纪

当问题输入长度足够大,分析密码体制的算法的复杂度较大,可能的计算能力下,在保密的期间内可以保证算法不被攻破,这就是密码体制的计算安全性思想。

附录 B   密码相关法律法规与标准

1. 密码相关法律

密码相关法律有：《中华人民共和国密码法》、《中华人民共和国网络安全法》、《中华人民共和国数据安全法》、《中华人民共和国个人信息保护法》。

1)《中华人民共和国密码法》

《中华人民共和国密码法》于中华人民共和国第十三届全国人民代表大会常务委员会第十四次会议于 2019 年 10 月 26 日通过，自 2020 年 1 月 1 日起施行。

2)《中华人民共和国网络安全法》

《中华人民共和国网络安全法》由中华人民共和国第十二届全国人民代表大会常务委员会第二十四次会议于 2016 年 11 月 7 日通过，自 2017 年 6 月 1 日起施行。

3)《中华人民共和国数据安全法》

2021 年 6 月 10 日，国家主席习近平签署了第八十四号主席令，《中华人民共和国数据安全法》已由中华人民共和国第十三届全国人民代表大会常务委员会第二十九次会议通过，自 2021 年 9 月 1 日起施行。

4)《中华人民共和国个人信息保护法》

2021 年 8 月 20 日，十三届全国人大常委会第三十次会议表决通过《中华人民共和国个人信息保护法》，自 2021 年 11 月 1 日起施行。

2. 密码相关法规

密码相关法规包括：商用密码管理条例、商用密码产品使用管理规定、商用密码产品销售管理规定。

1）商用密码管理条例

为了加强商用密码管理，保护信息安全，保护公民和组织的合法权益，维护国家的安全和利益，制定商用密码管理条例。本条例为中华人民共和国国务院令第 273 号，自 1999 年 10 月 7 日发布之日起实施。

2）商用密码产品使用管理规定

为了规范商用密码产品使用行为，根据《商用密码管理条例》制定本规定。2007 年 5 月 1 日起施行。

3）商用密码产品销售管理规定

为了加强商用密码产品销售管理，规范商用密码产品销售行为，根据《商用密码管理条例》制定本规定。2006 年 1 月 1 日起施行。

3. 密码相关标准

密码相关标准有：GB/T 22239—2019 网络安全技术 网络安全等级保护基本要求、GB/T 39786—2021 信息安全技术 信息系统密码应用基本要求。

1）GB/T 22239—2019 网络安全技术 网络安全等级保护基本要求

本标准规定了网络安全等级保护的第一级到第四级等级保护对象的安全通用要求和安全扩展要求。本标准适用于指导分等级的非涉密对象的安全建设和监督管理。2019 年正式实施。

2）GB/T 39786—2021 信息安全技术 信息系统密码应用基本要求

本标准适用于指导、规范信息系统密码应用的规划、建设、运行及测评。在本标准的基础之上，各领域与行业可结合本领域与行业的密码应用需求来指导、规范信息系统密码应用。2021 年 3 月 9 日，该标准正式发布，并于 2021 年 10 月 1 日起实施。

图 书 资 源 支 持

感谢您一直以来对清华版图书的支持和爱护。为了配合本书的使用,本书提供配套的资源,有需求的读者请扫描下方的"书圈"微信公众号二维码,在图书专区下载,也可以拨打电话或发送电子邮件咨询。

如果您在使用本书的过程中遇到了什么问题,或者有相关图书出版计划,也请您发邮件告诉我们,以便我们更好地为您服务。

我们的联系方式:

地　　址:北京市海淀区双清路学研大厦 A 座 714

邮　　编:100084

电　　话:010-83470236　010-83470237

客服邮箱:2301891038@qq.com

QQ:2301891038(请写明您的单位和姓名)

资源下载:关注公众号"书圈"下载配套资源。

资源下载、样书申请

书 圈

图书案例

清华计算机学堂

观看课程直播